U0655418

跟着电网企业劳模学 系列培训教材

智能变电站
自动化新技术应用

国网浙江省电力有限公司　组编

中国电力出版社
CHINA ELECTRIC POWER PRESS

内 容 提 要

本书是"跟着电网企业劳模学系列培训教材"之《智能变电站自动化新技术应用》分册，主要介绍智能变电站的发展历程、智能变电站自动化系统结构、新技术新设备，并通过智能变电站自动化新技术和新设备的应用案例加深读者的认识和理解。

本书可供电力监控系统设备安装调试人员、检修运维人员、电力调控机构自动化专业人员和设备监控管理人员学习参考。

图书在版编目（CIP）数据

智能变电站自动化新技术应用 / 国网浙江省电力有限公司组编．-- 北京：中国电力出版社，2022.8

跟着电网企业劳模学系列培训教材

ISBN 978-7-5198-6825-3

Ⅰ．①智… Ⅱ．①国… Ⅲ．①智能系统－变电所－自动化技术－技术培训－教材 Ⅳ．① TM63

中国版本图书馆 CIP 数据核字（2022）第 100404 号

出版发行：中国电力出版社

地　　址：北京市东城区北京站西街 19 号（邮政编码 100005）

网　　址：http://www.cepp.sgcc.com.cn

责任编辑：王蔓莉

责任校对：黄　蓓　常燕昆

装帧设计：张俊霞　赵姗姗

责任印制：石　雷

印　　刷：三河市万龙印装有限公司

版　　次：2022 年 8 月第一版

印　　次：2022 年 8 月北京第一次印刷

开　　本：710 毫米 ×980 毫米　16 开本

印　　张：11.25

字　　数：157 千字

印　　数：0001—1000 册

定　　价：58.00 元

编 委 会

丛书序

国网浙江省电力有限公司在国家电网有限公司领导下，以努力超越、追求卓越的企业精神，在建设具有卓越竞争力的世界一流能源互联网企业的征途上砥砺前行。建设一支爱岗敬业、精益专注、创新奉献的员工队伍是实现企业发展目标、践行"人民电业为人民"企业宗旨的必然要求和有力支撑。

国网浙江公司为充分发挥公司系统各级劳模在培训方面的示范引领作用，基于劳模工作室和劳模创新团队，设立劳模培训工作站，对全公司的优秀青年骨干进行培训。通过严格管理和不断创新发展，劳模培训取得了丰硕成果，成为国网浙江公司培训的一块品牌。劳模工作室成为传播劳模文化、传承劳模精神，培养电力工匠的主阵地。

为了更好地发扬劳模精神，打造精益求精的工匠品质，国网浙江公司将多年劳模培训积累的经验、成果和绝活，进行提炼总结，编制了《跟着电网企业劳模学系列培训教材》。该丛书的出版，将对劳模培训起到规范和促进作用，以期加强员工操作技能培训和提升供电服务水平，树立企业良好的社会形象。丛书主要体现了以下特点：

一是专业涵盖全，内容精尖。丛书定位为劳模培训教材，涵盖规划、调度、运检、营销等专业，面向具有一定专业基础的业务骨干人员，内容力求精练、前沿，通过本教材的学习可以迅速提升员工技能水平。

二是图文并茂，创新展现方式。丛书图文并茂，以图说为主，结合典型案例，将专业知识穿插在案例分析过程中，深入浅出，生动易学。除传统图文外，创新采用二维码链接相关操作视频或动画，激发读者的阅读兴趣，以达到实际、实用、实效的目的。

三是展示劳模绝活，传承劳模精神。"一名劳模就是一本教科书"，丛书对劳模事迹、绝活进行了介绍，使其成为劳模精神传承、工匠精神传播的载体和平台，鼓励广大员工向劳模学习，人人争做劳模。

丛书既可作为劳模培训教材，也可作为新员工强化培训教材或电网企业员工自学教材。由于编者水平所限，不到之处在所难免，欢迎广大读者批评指正！

最后向付出辛勤劳动的编写人员表示衷心的感谢！

丛书编委会

前　言

　　近几年来，国网浙江省电力有限公司围绕智能变电站自动化设备和技术开展了一系列科技攻关和工程化应用，密切跟踪自主可控新一代变电站二次系统技术成果，在自主可控自动化设备、国产化通信协议、冗余后备测控装置、变电站自动化设备智能运维等新技术应用方面做了大量尝试，取得了丰硕成果。本书结合浙江电网变电站自动化技术的创新成果及相关技术标准，全面介绍智能变电站自动化新技术和新设备的应用，通过图文互补、研究理论结合工程实践的方式，帮助相关专业人员了解智能变电站自动化前沿技术及发展方向，促进变电站自动化系统及设备运维管理水平的提升。

　　本教材由浙江省电力有限公司组织编写，在编写过程中得到了南京南瑞继保电气有限公司、北京四方继保自动化股份有限公司、国电南瑞科技股份有限公司、国电南京自动化股份有限公司、许继电气股份有限公司、长园深瑞继保自动化有限公司、南京新和普电力科技有限公司、山东山大电力技术有限公司、长沙诺思谱瑞仪器有限公司等厂家技术人员的大力支持，在此谨向参与本书编写、研讨、审稿、业务指导的各位领导、专家致以诚挚的感谢！由于智能变电站技术发展变化迅速，编制团队水平和时间限制，书中疏漏之处在所难免，敬请专家读者提出批评指正。

编　者

2022 年 5 月

目 录

劳模个人简介

王周虹

女，大学本科学历，高级工程师、高级技师，现为国网浙江省电力有限公司台州供电公司调控中心五级职员。曾获浙江省电力公司劳动模范、国家电网公司巾帼建功标兵、台州工匠等荣誉称号。长期从事电力自动化技术工作，带领团队解决多个技术难题，变电站监控信息表快速编制法获浙江省电力公司"先进职业操作法"，《调控机构集中监控省地协同培训仿真平台关键技术研究》项目获省公司科技进步二等奖。

王周虹劳模创新工作室以培养年轻的专业技术人才为目标，构建技术攻坚、科技创新、才能展示的平台。工作室自 2017 年成立以来，努力弘扬工匠精神，传承劳模技能，在工作中创新，在创新中发展，取得了丰硕成果。

叶海明

男，1964 年 5 月出生，大学本科学历，高级工程师、高级技师，现为国网浙江超高压公司生产指挥中心专职。

叶海明同志长期在一线从事电力自动化技术工作，技艺精湛，具有丰富的现场工作经验与解决实际问题的能力。曾获得华东电网调度自动化竞赛个人第一名，电力行业技术能手、国家电网公司技能专家、首届浙电工匠，浙江省电力公司劳动模范等荣誉称号。近些年致力于技术传承培养专业队伍，是国家电网公司高级兼职培训师，尤其在智能变电站技术技能传授方面，设计调试与培训平台，解决数据通信知识与技能培训长期困扰的难题，形成一套独创性方法并积累丰富经验与心得。

叶海明劳模创新工作室自 2013 年成立以来，坚持培训基地、创新基地、研究基地的建设定位，开展技术攻关与方法创新，不断积累、持续改进，先后取得"基于国产设备替换技术的进口测控装置故障应急恢复方案""基于即时反馈机制的通信协议类知识与技能培训方法""移动式监控系统功能调试与培训平台"等技术成果。不停电顺控调试工作法 2021 年入选长三角地区工匠绝活。

第一章

概　　述

第一节　智能变电站发展历程

随着电力工业快速发展，国家电网公司结合能源资源分布特点和电力自动化技术创新成果，在 2009 年提出"坚强智能电网"发展战略。坚强智能电网是以特高压电网为骨干网架、各级电网协调发展的坚强网架为基础，以通信信息平台为支撑，具有信息化、自动化、互动化特征，包含电力系统的发电、输电、变电、配电、用电和调度六大环节，覆盖所有电压等级，实现"电力流、信息流、业务流"的高度一体化融合，具有坚强可靠、经济高效、清洁环保、透明开放和友好互动内涵的现代电网。

智能变电站作为智能电网重要环节之一，为智能电网提供坚强可靠支撑。智能变电站采用先进、可靠、集成、低碳、环保的智能设备，以全站信息数字化、通信平台网络化、信息共享标准化为基本要求，自动完成信息采集、测量、控制、保护、计量和监测等基本功能，并可根据需要支持电网实时自动控制、智能调节、在线分析决策、协同互动等高级功能。从 2009 年开始，智能变电站发展经历了数字化变电站、智能变电站、新一代智能变电站、智慧变电站、自主可控新一代变电站五个重要阶段。

数字化变电站阶段（2008～2010 年），是变电站二次系统信息应用模式的一次革命，其主要特征是变电站监控系统全面应用 DL/T 860 系列标准，即变电站信息采集、传输、处理、输出过程全部数字化，系统信息建模标准化，数据交换及控制操作网络化。DL/T 860 系列标准的应用提升了各厂家设备信息交互的能力，二次设备通过网络实现了数据、资源的共享。

智能变电站阶段（2010～2013 年），是变电站试点建设并逐步推广应用的阶段。电子式互感器、智能组件、智能终端、合并单元等新设备试点应用，呈现出一次设备智能化、二次设备网络化的技术特征。一次、二次设备之间由电缆连接的二次回路改变为光缆连接的虚回路、虚端子。一次设备在线监测内容和参量得到规范，综合监视平台等辅助系统实现智能化。

Q/GDW 679—2011《智能变电站一体化监控系统建设技术规范》的发布有效地指导新建变电站建设,监控系统除了直接采集站内一次、二次设备运行状态信息外,还通过标准化接口与输变电设备状态监测、辅助应用、计量等进行信息交互,建立变电站全景数据采集、处理、监视、控制和运行管理的自动化体系架构。

新一代智能变电站阶段(2013～2017年),2012年国家电网公司提出以系统高度集成、结构布局合理、装备先进适用、经济节能环保、支撑调控一体为目标的新一代智能变电站建设。试点层次化保护控制系统技术,推进一体化业务平台;开展预制舱式二次组合设备研制,试点集成保护测控装置和保护测控计量装置,保护测控就地化布置;规范变电站通用设计,实现二次设备接线即插即用,支撑大运行、大检修体系,实现信息统一采集、综合分析、智能报警。

智慧变电站阶段(2017～2019年),变电站实现操作一键顺控、设备自动巡检、主辅设备智能联动,变电站运维管理智能化、现代化,变电站安全水平和运维效益得到提升。变电站统一部署辅助设备监控系统,集成安防、环境监测、SF_6监测、设备在线监测、消防、视频监控、机器人巡检等子系统,提升一次设备在线监测水平。二次系统按照就地采集、就近保护、冗余测控、信息专网、智能应用、智能计量等要求完善设计,同时增加变电站网络安全监测装置,全面提升二次系统可靠性、安全性和智能化水平。

自主可控新一代变电站阶段(2019年至今),2019年11月,国家电网公司提出加快推进变电站二次系统优化工作,以自主可控、安全可靠、先进适用、集约高效为总体原则,继承和发展现有智能变电站设计、建设、运行等成果经验,全面开展自主可控新一代变电站二次系统建设。以国产化芯片及操作系统为基础实现变电站二次系统整体功能;统筹各专业需求,优化功能配置,实施设备整合,简化网络结构,实现整体功能提升;全面监测主辅设备,支撑远方集中监控业务;以安全内嵌、自主防御为原则,实现变电站网络安全监测、设备安全接入、重要操作安全认证。

第二节　智能变电站自动化系统结构

智能变电站通信采用 DL/T 860 标准，将变电站一次、二次系统设备按功能分为过程层、间隔层和站控层三层。过程层设备包括一次设备及其所属的合并单元、智能终端等智能电子装置，实现电气量采集、一次设备运行状态监测、控制命令执行等。间隔层设备一般包括保护装置、测控装置、安全稳定装置、同步相量测量装置等二次设备，实现过程层数据处理和间隔设备控制功能。站控层设备包括监控主机、数据通信网关机、综合应用服务器等，站控层通过一体化监控系统、辅控系统等实现面向全站设备的监视、控制、告警及信息交互功能，并与远方调控中心通信。

智能变电站一体化监控系统是按照全站信息数字化、通信平台网络化、信息共享标准化的基本要求，通过系统集成优化，实现全站信息的统一接入、统一存储和统一展示，实现运行监视、操作与控制、信息综合分析与智能告警、运行管理和辅助应用等功能，同时为调控中心等其他主站系统提供远程控制和浏览服务。一体化监控系统严格遵照《电力监控系统安全防护总体方案》（国能安全〔2015〕36 号）的要求，进行安全分区、边界安全防护，确保控制功能安全。智能变电站一体化监控系统结构如图 1-1 所示。

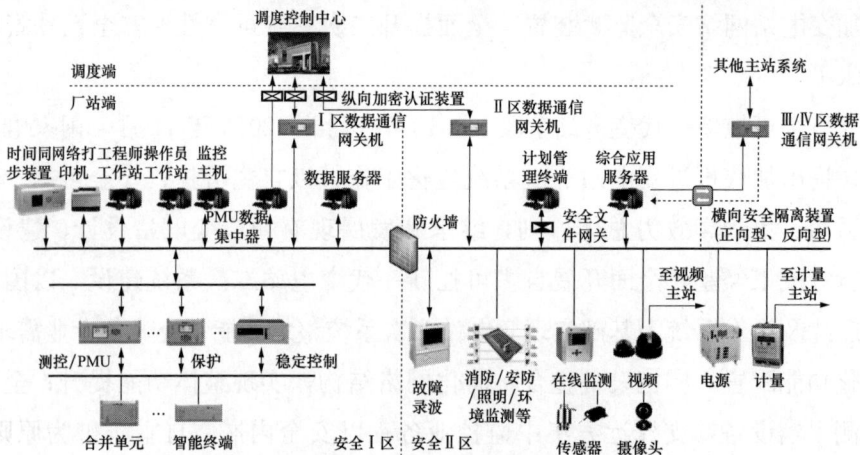

图 1-1　智能变电站一体化监控系统结构

第三节　智能变电站自动化新技术与设备

智能变电站自动化技术经过十几年的发展，已经形成覆盖变电站监控、继电保护、输变电设备状态监测、辅助设备监控、电能计量等多业务的完整技术体系，且还在不断地完善和发展。国家电网公司"十三五规划"中指出，变电站设备从数字化、网络化向着集成化、标准化和即插即用的方向发展，一次、二次设备向着深度融合，二次设备向着多维度、跨专业的方向集成。同时，信息传输、设备接口、功能配置的标准化也成为发展趋势。

一、"四统一、四规范"设备

十三五期间，国家电网公司开展了智能变电站二次设备自主整合技术、通用插件集群式智能二次设备关键技术的研究。为实现不同厂商间自动化装置的兼容互换，加强自动化设备标准化水平，发布了 Q/GDW 11627《变电站数据通信网关机技术规范》等一系列"四统一、四规范"技术标准：统一了测控装置、数据通信网关机、同步相量测量装置、时间同步装置等设备的外观接口、信息模型、通信服务、监控图形，规范了参数配置、功能要求、版本管理、质量控制，研发了基于"四统一、四规范"标准的冗余后备测控装置、多功能测控装置等自动化新设备，并逐步在智能变电站中推广应用。

二、宽频测量设备

随着大规模可再生能源开发利用和智能电网的快速发展，各种新型电力电子设备被广泛应用，在提升可再生能源并网控制和系统快速控制能力的同时，也带来了诸多问题，如电磁振荡及电力电子设备引起的机电振荡问题日益突出，低频振荡、次同步振荡、高次谐波等现象日益增多，而 SCADA/PMU 数据以工频电气量为主，已不能全面支撑电力电子化电网的动态监测和特性研究。在此背景下，国家电网公司于 2019 年 10 月提出建设广域宽频测量系统，及时捕捉和预警电网各类宽频振荡和故障扰动事件。国内主流电力二次设备厂商纷纷开展宽频测量技术研究和装置研发，研制出具备宽频测量和振荡监测功能的子站系统，并在变电站和新能源厂站试点应用。

三、智能运维管控系统

传统的变电站自动化设备运维检修模式以大量人力投入的现场作业为主，自动化设备的健康状况缺乏在线评估手段，无法预知故障隐患，设备故障消缺周期长，运维检修效率低下，无法满足精益化管理要求。为此浙江、江苏等地电网公司开展了变电站自动化设备远程运维检修方面的技术探索及应用实践。国网浙江电力在引入边缘计算、虚拟化等互联网新技术的基础上，构建具备应用扩展便捷、功能部署灵活、平台开放共享等特点的变电站自动化设备智能运维管控系统，实现自动化设备的运行工况监视、智能告警、状态评价、功能预试及 SCD 文件管控等功能，提升了运维管控效率及精益化管理水平。

四、自主可控设备

在电力系统自动化领域，二次设备芯片严重依赖国外厂家，且需求量十分巨大。受国际形势影响，一旦供应链断裂，将造成相关电子设备无配件支撑，致使电网安全运行面临重大风险，严重影响国家安全、国民经济和人民生活。因此迫切需要基于自主创新、基于国产化芯片的二次设备研制开发，以保障我国电网运行安全。从 2019 年开始，国家电网公司组织国内主要电力二次设备制造商开展基于自主可控芯片的测控装置、数据通信网关机、同步相量测量装置等变电站二次设备研发。硬件方面，实现自动化设备中的 CPU、DSP、FPGA、ADC、存储、通信等核心芯片的国产化替换，同时解决了硬件设计、软件适配和可靠性验证等关键难题。通信协议方面，针对 MMS 协议实际应用中存在的弊端，开展了通信协议国产化替代研究，制定了具有完全自主知识产权的变电站二次系统通信报文规范（CMS），同时配套了调试工具，并通过一致性测试，实现了变电站自动化设备软硬件的自主可控。

第二章

智能变电站自动化新设备

第一节 "四统一、四规范"设备

2015年，国家电网公司组织开展智能变电站自动化设备标准化工作，提出以加强自动化设备标准化为主要手段，以提高变电站自动化设备与系统运行安全性、智能性、运维便捷性和对调控主站的支撑作用为根本目标，全面推进变电站自动化设备"四统一、四规范"工作，即统一外观接口、信息模型、通信服务、监控图形，规范参数配置、应用功能、版本管理、质量控制，实现变电站自动化设备标准化、监控系统功能规范化、运行检修维护效率最大化，设备功能和性能得到大幅度提升。制定和完善测控装置、数据通信网关机、同步相量测量装置、网络报文记录分析装置、时间同步装置和交换机六类自动化设备技术规范，完成设备研制，为新一代智能变电站系统提供技术和设备支撑，引领智能变电站自动化技术发展方向。

本章主要介绍"四统一、四规范"测控装置、数据通信网关机、同步相量测量装置、时间同步装置、网络报文记录与分析装置和交换机。

一、测控装置

测控装置是厂站计算机监控系统的信息采集、数据处理及控制执行的基本单元，是遵循 DL/T 860 标准，支持模拟量采样、数字量采样、模型导入和导出，具备交流电气量采集、开关量采集、控制输出、防误闭锁、设备状态监测等功能的 IED。

测控装置采用面向间隔对象进行配置的方式，根据交流电气量采样、开关量采集和控制出口方式的不同，可分为数字测控装置和模拟测控装置。数字测控装置按照应用情况共分为间隔测控、3/2 接线测控和母线测控三类，见表 2-1。

表 2-1 数字测控装置应用分类

序号	分类	型号	适用场合
1	间隔测控	DA-1	主要应用于线路、断路器、高压电抗器、主变压器单侧加本体等间隔

序号	分类	型号	适用场合
2	3/2接线测控	DA-2	主要应用于330kV及以上电压等级线路加边断路器间隔
3	母线测控	DA-4	主要应用于母线分段或低压母线加公用间隔

模拟测控装置按照应用情况共分为间隔测控、母线测控和公用测控三类，见表2-2。

表 2-2　　　　　　　　　　　模拟测控装置应用分类

序号	分类	型号	适用场合
1	间隔测控	G-1，GA-1	主要应用于线路、断路器、高压电抗器、主变压器单侧加本体、330kV及以上电压等级线路加边断路器间隔等间隔
2	母线测控	G-4，GA-4	主要应用于母线分段间隔
3	公用测控	G-3	主要应用于站用变压器加公用间隔

1. 外观和接口

测控装置采用4U整层机箱，机箱尺寸应符合GB/T 19520.12—2009的规定，各功能模块采用模块化、标准化、插件式结构设计。装置有6路LED指示灯，具备液晶显示功能。人机交互区可采用键盘或触摸屏，键盘具备9个功能按键。装置铭牌使用国家电网标志，注明生产厂家、装置型号、电源电压、出厂编号和二维码等。装置面板布局相对固定，采用触摸屏的测控装置面板布局取消了按键区域。装置面板典型布局（按键屏）如图2-1所示。

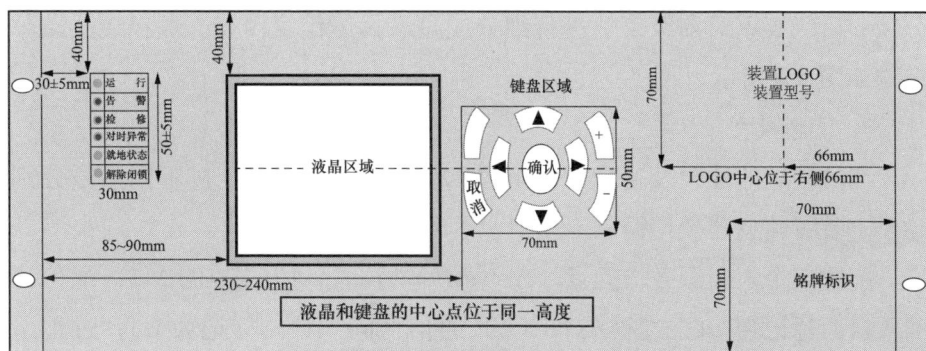

图 2-1　装置面板典型布局（按键屏）

9

测控装置通信接口至少具备 2 个独立的 MMS 接口。有过程层网络时应具备 2 个独立的 GOOSE 接口、2 个独立的 SV 采样值接口。若采样值与 GOOSE 共网传输，则应至少具备 2 个独立的 GOOSE/SV 采样值接口。网络通信介质宜采用多模光纤或屏蔽双绞线，过程层光纤接口应采用 LC 接口，站控层接口宜采用 RJ45 电接口。装置应具备 IRIG-B 码对时功能，对时接口宜采用 RS485 差分 B 码或 ST 光纤接口。装置背板插件排布、端子信号排布和装置所使用连接器的结构尺寸符合 Q/GDW 10427—2017 要求。数字化测控装置典型背板布置如图 2-2 所示。

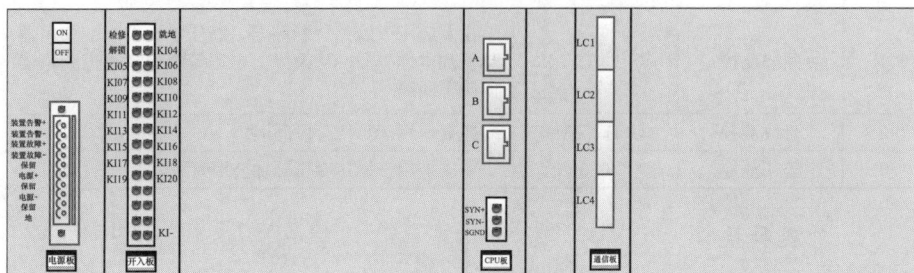

图 2-2　数字化测控装置典型背板布置

2. 人机界面

装置菜单按层次关系分级展现：第一级菜单项目不超过 4 项，内容以界面操作使用人员类别为依据进行分类；第二级菜单项目按照第一级菜单使用人员要求，对其关注的相关操作数据信息进行归类后形成第二级菜单分项；后级菜单对前级菜单进行细分或显示具体信息内容。测控装置菜单结构如图 2-3 所示。

3. 信息模型

测控装置的建模及通信服务遵循 DL/T 860 的要求，按不同型号分别建模。装置信息建模遵循以下原则：

配置三个入口服务访问点（AccessPoint），分别为测控的 MMS 通信访问入口，标记为 S1；过程层 GOOSE 通信访问入口，标记为 G1；过程层 SV 通信访问入口，标记为 M1。

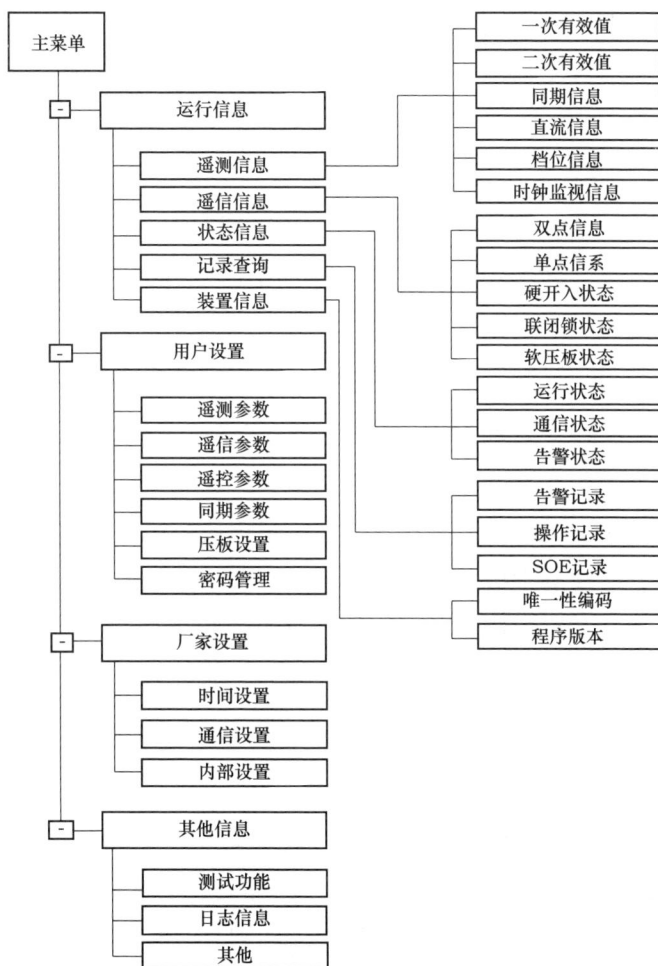

图 2-3　测控装置菜单结构图

在 S1 访问点下配置 3 个逻辑设备，分别为公用 LD（名称为 LD0）、测量 LD（名称为 MEAS）及控制 LD（名称为 CTRL）。在 G1 访问点下配置 1 个或多个 GOOSE 过程层访问 LD（名称为 PIGO01、PIGO02…）。在 M1 访问点下配置 1 个或多个 SV 过程层访问 LD（名称为 PISV01、PISV02…）。

在逻辑设备 LD 下配置 LLN0、LPHD、MMXU、MMXN、GGIO、CSWI、CILO、ATCC 等逻辑节点，同一类型有多个逻辑节点时通过阿拉伯数字后缀来区分。其中断路器操作按照检同期、检无压、强制分别建不同实例的 CSWI，不采用 CSWI 中 Check 的 sync 位区分同期合与强制合。

4. 通信服务

装置应支持的服务包括关联服务、数据读写服务、报告服务、控制服务、取代服务、文件服务，通信服务按 DL/T 860 的规定执行。

5. 参数配置

装置参数包括遥测参数、遥信参数、遥控参数、同期参数等，应统一配置管理，并支持导入和导出标准的参数文件，文件采用 XML 格式。参数配置要求如下：

（1）遥测参数包括测量变化死区、测量零值死区、电压互感器/电流互感器的一次、二次额定值，遥测参数整定范围、默认值、单位等属性。

（2）遥信参数包括信号防抖时间，遥信参数整定范围、默认值、单位等属性。

（3）遥控参数包括控制出口脉宽，遥控参数整定范围、默认值、单位等属性。

（4）同期参数包括同期抽取电压、测量侧和抽取侧额定电压、有压定值、无压定值、滑差定值、频差定值、压差定值、角差定值、导前时间、固有相角差、电压互感器断线闭锁使能、同期复归时间等，参数整定范围、默认值、单位等属性。

6. 应用功能

测控装置具备交流电气量、状态量、GOOSE 模拟量的采集功能；具备控制功能、同期合闸功能；具备防误逻辑闭锁、记录存储、通信、对时功能和运行状态监测管理功能。

（1）交流电气量采集功能：①支持模拟量采样或接收 DL/T 860.92 采样值两种数据采样方式；②遥测数据应带品质位，品质位定义应符合 DL/T 860.81；③采用 DL/T 860.92 采集交流电气量时应具备 SV 采样值报文品质及异常处理功能，同时具备 3/2 接线方式"和电流"及"和功率"

计算功能。

（2）状态量采集功能：①状态量输入信号支持 GOOSE 报文或硬接点信号，GOOSE 报文符合 DL/T 860.81；②状态量输入信号为硬接点时，输入回路采用光电隔离，具备软硬件防抖功能，且防抖时间可整定；③具备事件顺序记录功能，状态量的时标由本装置标注，时标标注为消抖前沿；④支持状态量取代服务；⑤具备双位置信号输入功能，支持采集断路器的分相合、分位置和总合、总分位置。

（3）GOOSE 模拟量采集功能：①支持接收 GOOSE 模拟量信息并原值上送，变化死区可设置，当测量值变化超过该死区时上送该值；②具备有效、取代、检修等品质上送功能。

（4）控制功能：①装置的控制对象包括断路器、隔离开关、接地开关的分合闸，复归信号，变压器档位调节、装置自身软压板等，控制信号可选择 GOOSE 报文输出和硬接点输出方式；②支持控制命令校核、逻辑闭锁及强制解锁功能；③具备生成控制操作记录功能。装置处于检修状态，应闭锁远方遥控命令，响应装置人机界面的控制命令，硬接点正常输出，GOOSE 报文输出应置检修位。

（5）同期功能：①装置对断路器的控制具备检同期合闸功能，应具备自动捕捉同期点功能，具备电压差、相角差、频率差和滑差闭锁功能；②具备检同期、检无压、强制合闸方式，收到对应的合闸命令后不能自动转换合闸方式；③应具备电压互感器断线检测及告警功能；④采用 DL/T 860.92 规范的采样值输入时，合并单元采样值置无效位时应闭锁同期功能，应判断本间隔电压及抽取侧电压无效品质，在电压互感器断线闭锁同期投入情况下还应判断电流无效品质；⑤合并单元采样值置检修品质位而测控装置未置检修时应闭锁同期功能。

（6）防误逻辑闭锁功能：①具备本间隔闭锁和全站跨间隔联/闭锁功能，通过站控层网络采用 GOOSE 服务发送和接收相关的信号（一次、二次设备状态信号、动作信号和量测量）进行防误闭锁逻辑判断；②支持联锁、解锁切换功能，间隔间传输的联/闭锁 GOOSE 报文应带品质传输，品质无效时应判断逻辑校验不通过；③当间隔间由于网络中断等原因不能有效获取相关信息时，应判断逻辑校验不通过；④联/闭锁数据置检修状态时应正常参与逻辑计算。

（7）记录存储功能：装置具备存储 SOE 记录、操作记录、告警记录及运行日志功能，装置掉电时存储信息不丢失，存储每种记录的条数不应少于 256 条。

（8）通信功能：支持站控层双网冗余设计，双网切换时数据不丢失，与站控层、过程层通信应遵循 DL/T 860 标准；具备网络风暴抑制功能。

（9）对时功能：①支持接收 IRIG-B 时间同步信号；②具备同步对时状态指示标识；③支持基于 NTP 协议实现自身时间同步管理，时间同步管理状态自检信息应能主动上送。

（10）运行状态监测管理功能：①具备自检功能，自检信息包括装置异常信号、装置电源故障信息、通信异常等，自检信息能够浏览和上传；②具备提供设备基本信息功能，包括装置的软件版本号、校验码等；③具备间隔主接线图显示和控制功能，支持装置遥测参数、同期参数的远方配置；④能实时监视装置内部温度、内部电源电压、光口功率等，并通过建模上送监测数据；⑤具备参数配置文件、模型配置文件导出备份功能，支持装置同型号插件的直接升级与更换。

7. 版本管理

（1）装置命名：由装置型号、装置应用场景分类代码和装置典型分类代码三部分组成，其中装置型号印刷在装置面板上，装置型号和典型代码体现在铭牌上，版本信息在菜单中显示。测控装置命名规则如图 2-4 所示。

（2）版本信息：由装置型号、装置名称、软件版本、程序校验码、程序生成时间、ICD 模型版本、ICD 模型校验码、CID 模型版本、CID 模型校验码等九部分组成。版本信息文件、程序文件和 CID 文件存放在装置中相同目录下，通过 DL/T 860 文件服务提供在线管理和校核。版本信息如图 2-5 所示。

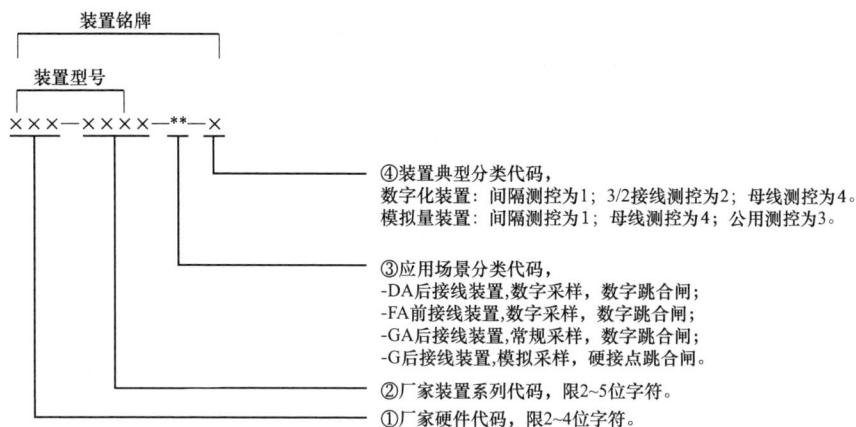

图 2-4　测控装置命名规则

装置型号：	×××-××××-DA-1
装置名称：	间隔测控
软件版本：	V1.00
程序校验码：	123F
程序生成时间：	2021-03-21
ICD 模型版本：	V1.00
ICD 模型校验码：	0000345F
CID 模型版本：	V1.0
CID 模型校验码：	0000678F

图 2-5　版本信息

8. 质量控制

基于 ISO 9000 系列标准统一质量管控要求，规范测控装置入网检测、工厂验收、现场验收测试内容与流程，提升测控装置标准化水平，实现设备的全寿命周期管理。

二、数据通信网关机

数据通信网关机采集变电站一次、二次设备和辅助设备等运行状态信息，上送给调度主站，为主站系统实现变电站监视控制、信息查询和远程浏览等功能提供数据、模型和图形传输服务。

1. 外观和接口

数据通信网关机的机箱有 4U 和 2U 两种尺寸，二者前面板、后背板

15

布局略有不同，机箱尺寸应符合 GB/T 19520.12 规定，各功能模块采用模块化、标准化、插件式结构设计。面板布局主要分为 LED、液晶、键盘、调试口区域、装置型号和铭牌标识区域等，布局相对固定。装置具备 5 路 LED 指示灯，具备液晶显示功能。4U 装置典型面板布置如图 2-6 所示。

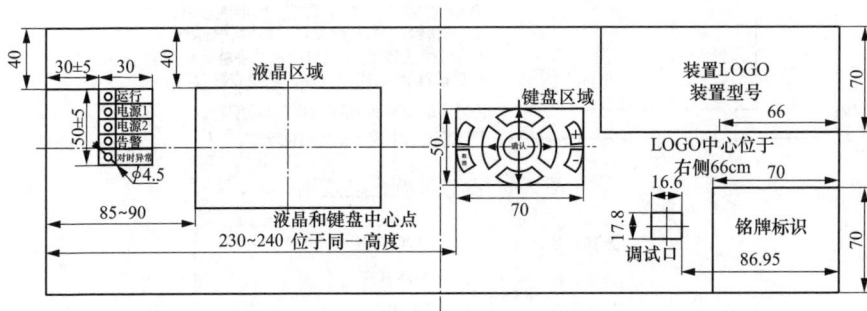

图 2-6　4U 装置面板典型布局

型号 4U 的装置背板主要分为网口区域、串口区域、电源区域，其中网口区域包含 IRIG-B 码对时接口，电源模块包含失电告警及装置故障开出接口。通信接口至少具备 6 个独立的 MMS 接口、4 组独立的串口、1 块 I/O 插件、2 路独立的电源插件。4U 装置典型背板布置如图 2-7 所示。

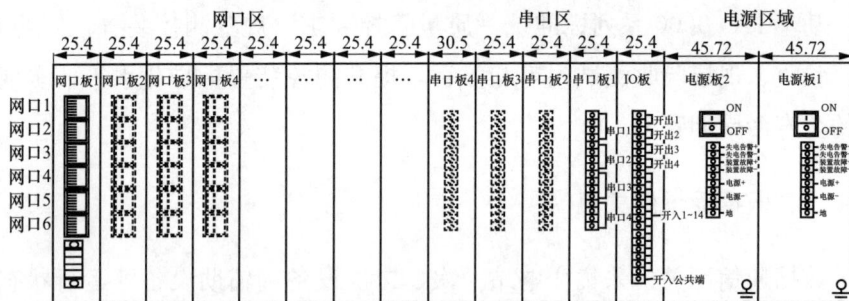

图 2-7　4U 装置背板典型布局

2. 人机界面

装置菜单按层次关系分级展现，第一级菜单项目不超过 4 项，内容以

操作使用人员类别为依据进行分类；第二级菜单项目按照第一级菜单使用
人员要求，对其关注的相关操作数据信息进行归类后形成第二级菜单分项，
后级菜单对前级菜单进行细分或显示具体信息内容。数据通信网关机菜单
结构如图 2-8 所示。

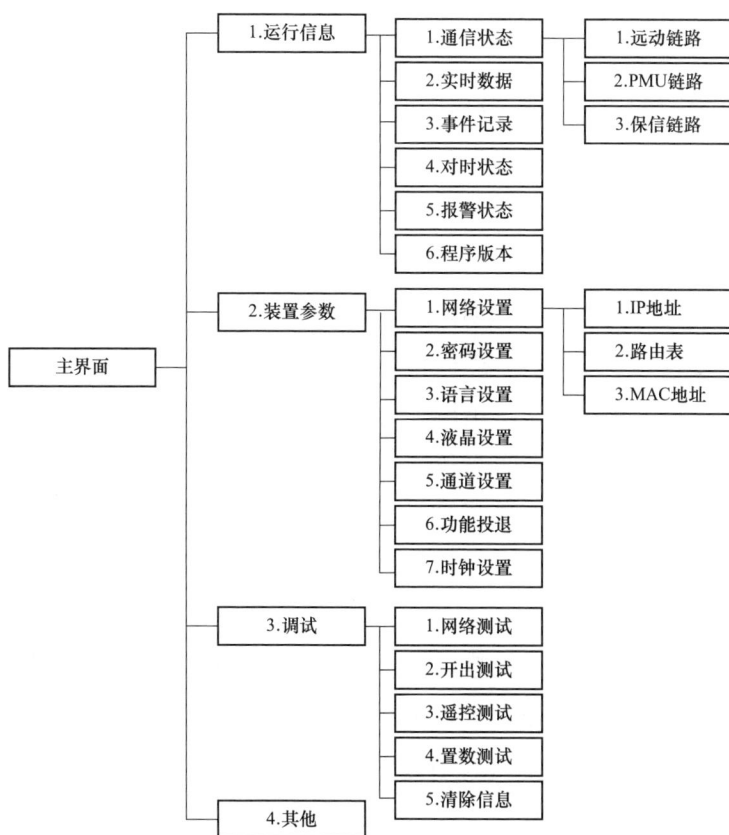

图 2-8　数据通信网关机菜单结构

3. 信息模型

　　装置信息建模包括设备台账、通信状态、运行工况、自检告警、设备
资源、内部环境、对时状态及远方控制等信息模型。装置按照 DL/T 860
定义的数据模型、服务以及建模的方法，同一个功能对象相关的数据以及
数据属性应建模在该功能对象中，其中也包括该功能对象的一些功能扩展，

多个功能相关或者同全系统功能相关的数据应建模在公共的逻辑节点或者逻辑设备中。

4. 通信服务

装置支持的服务包括关联服务、数据读写服务、报告服务、控制服务、取代服务、文件服务及日志服务，通信服务原则满足 Q/GDW 1396 要求。

5. 参数配置

装置参数配置项至少应包括系统参数、DL/T 860 接入参数、DL/T 634.5104 参数、Q/GDW 273 参数及 DL/T 476 参数，支持参数配置导出功能及同产品的参数配置备份导入功能，即达到同产品的参数配置的互换性。

6. 应用功能

装置具备数据采集、数据处理、数据远传、控制功能、时间同步、告警直传、远程浏览、源端维护等功能。

（1）数据采集：①采集电网运行的稳态及保护录波数据、一次和二次设备及辅助设备等运行状态数据，直采数据的时标应取自数据源；②支持设置间隔层设备运行数据的周期性上送、数据变化上送、品质变化上送及总召等方式；③支持站控层双网冗余连接方式，冗余连接应使用同一个报告实例号。

（2）数据处理：①支持逻辑运算与算术运算功能，支持时标和品质的运算处理、通信中断品质处理功能；②装置开机或重启时，应在完成站内数据初始化后方可响应主站启动数据传输请求；③应能正确判断并处理间隔层设备的通信中断或异常。

（3）数据远传：①支持向主站传输站内调控实时数据、保护信息、一次、二次设备状态监测信息、图模信息等；②支持同一网口同时建立不少于 32 个主站通信链接，对未配置的主站 IP 地址发来的链路请求应拒绝响应；③数据通信网关机重启后，不上送间隔层设备缓存的历史信息。

（4）控制功能：①支持主站遥控、遥调和设点、定值操作等远方控制，实现断路器和隔离开关分合闸、保护信号复归、软压板投退、变压器档位调节、保护定值区切换、保护定值修改等功能，同一时间应只支持一个遥控操作任务；②支持远方顺序控制操作，具备远方顺序控制命令转发、操作票调阅传输及异常信息传输功能。

（5）时间同步：能够接受主站端和变电站内的授时信号，支持 IRIG-B 码或 SNTP 对时方式，具备守时功能，支持时间同步在线监测功能。

（6）告警直传：能将监控系统的告警信息采用告警直传的方式上送主站。

（7）远程浏览：能将监控系统的画面通过通信转发方式上送主站。

（8）源端维护：①支持主站召唤变电站 CIM/G 图形、CIM/E 电网模型、远动配置描述文件等源端维护文件；②支持主站下装远动配置描述文件；能够实现变电站图形、模型、远动配置描述文件等源端维护文件之间的信息映射。

7. 版本管理

（1）装置命名：由装置型号和版本信息组成，其中装置型号包括厂家硬件代码、厂家装置系列代码及安全分区标识，版本信息包括基础软件版本、基础软件生成日期和程序校验码。

（2）版本信息：包括软件版本、远动配置描述文件版本，装置软件至少应包含基础软件、人机界面软件；软件版本包含版本号、校验码和生成日期；远动配置描述文件版本应包含版本号和最近一次修改时间等基本信息。

8. 质量控制

基于 ISO 9000 系列标准统一质量管控要求，规范数据通信网关机入网检测、工厂验收、现场验收测试内容与流程，提升装置硬件和模型标准化水平，实现装置的全寿命周期管理。

三、同步相量测量装置

基于同步授时的相量测量装置（Phasor Measurement Unit，PMU）能够在全网统一的时标下，同步采样电网各枢纽点的电压和电流，生成各监测点电压和电流的相量，并在线实时监测电网低频振荡、次同步振荡等异常运行状态，依照一定的格式将这些信息上传至控制中心，在统一的时间坐标系上对电力系统的状态进行分析，为全系统电网广域监测、变电站自动化测控、稳定控制、自适应继电保护等功能提供必要的原始数据和技术支持。

同步相量测量装置负责采集和存储相量数据，相量数据集中器负责多台同步相量测量装置数据汇总、存储并上传调度主站 WAMS 系统。

1. 外观和接口

同步相量测量装置采用符合 GB/T 19520.12 规定的高度为 4U、宽度为 19 英寸的机箱。面板布局主要分为 LED 区域、液晶区域、键盘区域、装置型号和铭牌标识区域等，面板布局相对固定。装置具备 4 路 LED 指示灯。采用触摸屏的同步相量测量装置，面板取消了按键区域。同步相量测量装置典型面板布局如图 2-9 所示。

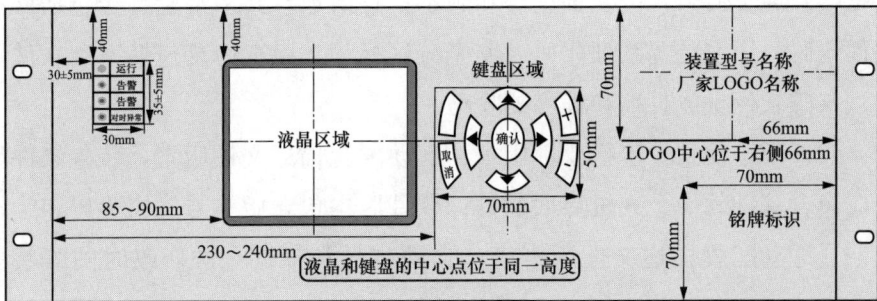

图 2-9　同步相量测量装置典型面板布局

同步相量测量装置具备至少 4 个站控层网络接口，用于连接相量数据集中器和监控系统，站控层网络接口采用 RJ45 电以太网接口或光纤以太网接口。数字化采样同步相量测量装置具备不少于两个过程层网络接口，过程层网络接口采用光纤以太网接口。装置具有 IRIG-B 对时输入接口。

相量数据集中器采用符合 GB/T 19520.12 规定的高度为 4U 或 2U、宽度为 19 英寸的机箱。机箱高度为 4U 的相量数据集中器典型面板布局与同步相量测量装置相似，机箱高度为 2U 的相量数据集中器典型面板布局如图 2-10 所示。

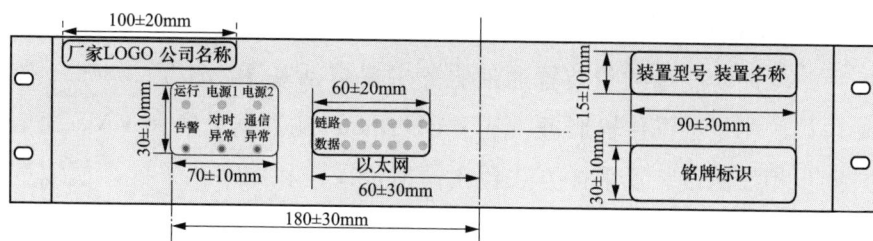

图 2-10　机箱高度为 2U 的相量数据集中器典型面板布局

相量数据集中器具备不少于 6 个站控层网络接口，用于连接同步相量测量装置和主站，站控层网络接口采用 RJ45 电以太网接口或多模光纤以太网接口，光纤连接器采用 ST 或 LC 型光纤接口。装置具有 IRIG-B 对时输入接口。

2．人机界面

装置菜单按层次关系分级展现，一级菜单包含运行信息、报告查询、参数设置、调试菜单，菜单项名称长度不超过 4 个汉字；第二级菜单项目按照第一级菜单使用人员要求，对其关注的相关操作数据信息进行归类，形成第二级菜单分项；后级菜单对前级菜单进行细分或显示具体信息内容。

3．信息模型

同步相量测量装置的建模及通信服务遵循 DL/T 860 的要求，信息建模应遵循以下原则：

（1）常规采样装置配置一个入口访问点 AccessPoint，MMS 通信访问入口名称为 S1。数字化采样装置配置三个入口服务访问点，分别为测控的 MMS 通信访问入口，标记为 S1；过程层 GOOSE 通信访问入口，标记为 G1；过程层 SV 通信访问入口，标记为 M1。

（2）在 S1 访问点下配置 2 个逻辑设备，分别为公用 LD（名称为 LD0）、遥信 LD（名称为 CTRL）；在 G1 访问点下配置 1 个或多个 GOOSE 过程层访问 LD（名称为 PIGO01、PIGO02…）；在 M1 访问点下配置 1 个或多个 SV 过程层访问 LD（名称为 PISV01、PISV02…）。

（3）在逻辑设备 LD 下配置 LLN0、LPHD、GGIO 等逻辑节点，同一类型有多个逻辑节点时通过阿拉伯数字后缀来区分。

4. 通信服务

厂站端同步相量测量装置通信服务主要包括基于 GB/T 26865.2 数据传输协议的相量数据传输服务、基于 DL/T 860 的数据采集和 MMS 通信服务。同步相量测量装置采样方式包含模拟量采样和数字化采样，模拟量采样方式使用硬接线采集开关量状态和量测数据，数字化采样方式通过 GOOSE 和 SV 报文采集开关量状态和采样数据。数字化采样的同步相量测量装置应具备通信服务，如图 2-11 所示。

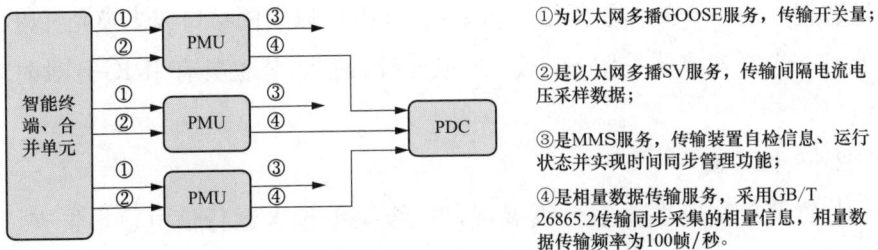

图 2-11　数字化采样同步相量测量装置通信服务

5. 参数配置

装置的参数配置包括电流互感器和电压互感器的一次、二次额定值、越限定值、装置 IP 地址、相量配置参数、通信端口参数，其中电流互感器和电压互感器的一次、二次额定值、越限定值、装置 IP 地址应能通过装置液晶设置。

6. 同步相量测量装置功能

装置具备时间同步及监测、实时监测、实时通信、动态数据记录、低频振荡监测、连续录波、次同步、超同步振荡监测、相量测量功能。

（1）时间同步：装置采用厂站时间同步装置输出的时间同步信号作为数据采样的基准时间源。对时精度为 $1\mu s$，并具备较强的守时能力。当同步时间信号丢失或异常时，装置守时精度为 60min 以内相角测量误差的改变量不大于 $1°$。

（2）时间同步监测：装置具备同步对时状态指示标识，具有对时信号可用性识别的能力，装置能主动上送时间同步管理状态自检信息，支持基于 NTP 协议实现自身时间同步管理功能。

（3）实时监测：装置具有同步测量安装点的三相基波电压相量、三相基波电流相量、电压电流的基波正序相量、频率、频率变化率、功率和开关量信号的功能。

（4）实时通信：同步相量测量装置与相量数据集中器通信采用 TCP 传输协议，能向相量数据集中器上传配置信息和状态信息，并根据相量数据集中器下发的配置信息将所需的动态数据实时上传；具有向相量数据集中器传送动态数据记录文件、连续录波文件的功能。

（5）动态数据记录：装置具备数据记录和越限事件记录功能。可存储实时监测功能中要求的数据，能按照 GB/T 26865.2 的格式存储动态数据；当装置监测到电力系统发生扰动时，包括发生频率越限、电流越限、电压越限、线路功率振荡、相角差越限、保护装置或安全自动装置跳闸、低频振荡和次同步、超同步振荡时能结合时标建立事件标识，并向相量数据集中器发送告警信息。

（6）低频振荡监测：装置具备就地低频振荡监测功能，可接收主站下发的低频振荡监测阈值。当电力系统发生低频振荡时，装置在数据帧的状态字中设置触发标志，发出相应告警事件，并根据要求将幅值、频率等相关振荡分析结果上传主站。

（7）连续录波：装置具备记录原始采样数据的连续录波功能，记录的采样率不低于 1000 点/s，每分钟生成一个记录文件，文件在同步相量测量装置非易失存储器中就地存储。连续录波文件格式符合 GB/T 22386 要求，文件保存时间不少于 3 天。

（8）次同步、超同步振荡监测：装置具备基于原始采样数据的次同步、超同步振荡监测功能，当电力系统发生同步、超同步振荡时，装置在数据帧的状态字中设置触发标志和原因，发出相应告警事件，并根据要求将振荡主导分量的幅值、频率上送调度主站。

（9）相量测量：装置采用离散傅里叶（Discrete Fourier Transform，DFT）算法进行相量计算，电流、电压采用基于 DFT 的相量补偿算法。利用正序电压相量角度对时间的一阶微分计算频率，用正序电压相量对时间的二阶微分计算频率变化率。

7. 相量数据集中器功能

（1）时间同步：具备时间同步功能，支持 IRIG-B 信号对时，对时信号可采用光纤多模 ST 接口或电 RS485 接口。相量数据集中器的对时精度不大于 1ms。

（2）时间同步监测：具备同步对时状态指示标识，具有对时信号可用性识别的能力，装置能主动上送时间同步管理状态自检信息，支持基于 NTP 协议实现自身时间同步管理功能。

（3）实时通信：实时接收、存储、解析同步相量测量装置的动态数据报文，相量数据集中器能接入的同步相量测量装置台数不少于 8 个；能向不少于 8 个主站实时转发站内同步相量测量装置的动态数据报文。

（4）动态数据记录：连续记录子站的动态数据，动态数据最高记录速率不低于 100 次/s，动态数据保存时间不少于 14 天。

（5）离线数据召唤：具备动态数据记录、连续录波记录的离线数据召唤功能，支持基于联网触发的暂态录波数据召唤功能。

8. 版本管理

装置软件命名由装置型号、装置应用场景分类代码等内容组成，装置版本信息由装置型号、装置名称、软件版本、程序校验码、程序生成时间、ICD 模型版本、ICD 模型校验码、CID 模型版本、CID 模型校验码等部分组成。

四、时间同步装置

电力系统时间同步装置的基本工作原理是一个接收同步、发送同步的过程。时间同步装置接收外部基准信号，同步解码后，将时间码重新转换为电力系统各类自动化装置及继电保护装置能够接收并同步的授时码，并对其授时实现时间同步。常规变电站一般采用脉冲加串口报文的同步方式，智能站一般采用 NTP 加 IRIG-B 码的同步方式。

四统一、四规范电力系统时间同步装置分为普通时钟和监测时钟，普通时钟可接收卫星时间信号和地面时间基准信号后输出各类时间信号；监测时钟除完成普通时钟的功能外，还可以完成时间监测功能。

1. 外观和接口

四统一、四规范时间同步装置采用 4U 整层机箱，采用模块化、标准化、插件式结构。装置具备 10 路 LED 指示灯，具备液晶显示功能，人机交互区配置键盘或触摸屏，面板配置有铭牌标识，注明生产厂家、装置型号、电源电压、出厂编号和硬件板卡二维码信息等。装置面板布局如图 2-12 所示。

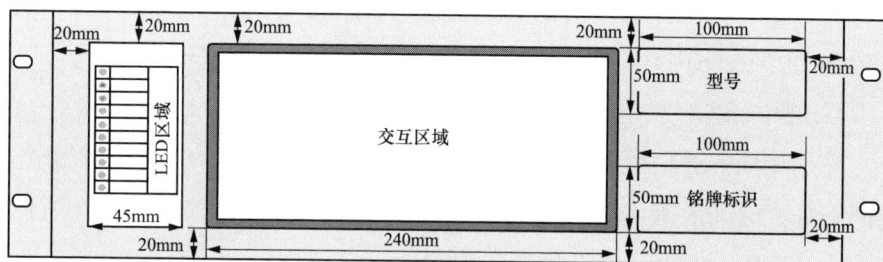

图 2-12　时间同步装置面板布局

装置通常配置的板卡有电源板、CPU 板、SIG 板和信号输出板。信号输出板的接口类型包括 TTL 接口、RS485 接口、RS232 接口、光纤接口、静态空节点接口和网络接口等，每一种接口类型的信号输出板可在机箱允许范围内任意组合。装置背板布局如图 2-13 所示。

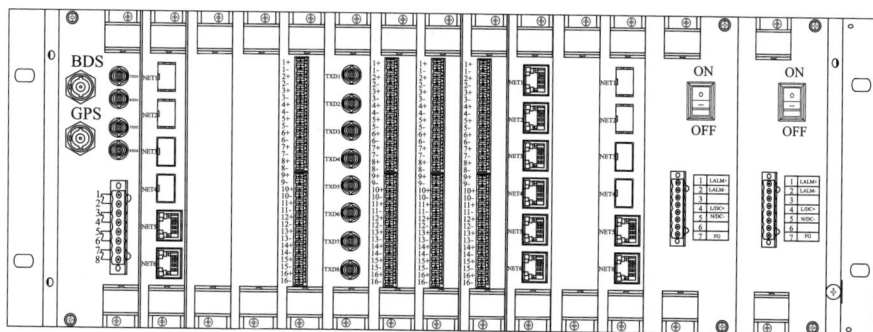

图 2-13　时间同步装置背板布局

25

2．人机界面

装置菜单按层次关系分级展现，一级菜单包含装置状态、日志查询、参数设置、出厂信息。装置状态主要包括电源状态、北斗等同步对时源状态信息；参数设置包括主从配置、串口配置等。

3．信息模型

装置按照 DL/T 860 定义的数据模型、服务进行建模，同一个功能对象相关的数据以及数据属性应建模在该功能对象中，其中也包括该功能对象的一些功能扩展，多个功能相关或者同全系统功能相关的数据应建模在公共的逻辑节点或者逻辑设备中。装置逻辑设备实例化名为 TSMD，应至少包含 LLN0、LPHD、状态检测逻辑节点 LCSM 三个逻辑节点。

4．通信服务

采用相同的通信服务，以提高装置互操作性。装置应支持的服务包括对时服务、时间准确度监测服务、告警信息上送服务、控制服务，通信服务按 Q/GDW 11539—2016 的规定执行。

5．参数配置

参数包括主从配置、串口信息配置、延迟补偿配置、监测功能配置、输出信号配置等。用户设置参数配置要求如下：

（1）主从配置包括北斗优先、GPS 优先、北斗强制、GPS 强制、从机、多源主机、多源从机等配置，用于决定时间同步装置的信号源选择。

（2）串口信息配置包括串口波特率选择和停止位、校验位等属性。

（3）延迟补偿配置包括北斗、GPS、B 码 1 和 B 码 2 的时间延迟配置。

（4）监测功能配置包括是否启动、轮询周期、偏差限值等属性。

（5）输出信号配置用于配置时间同步装置输出的对时信号格式，包括 B 码、秒脉冲、分脉冲、时脉冲、天脉冲、串口、DCF77 等。

6．应用功能

装置通常具备授时信号接收、对时信号输出、时源选择及切换、输入延时/输出延迟补偿、闰秒处理、守时及监测等基本功能。

（1）授时信号接收：时间同步装置接收北斗卫星导航系统、全球定位系统授时信息，以北斗卫星导航系统信号为主，全球定位系统信号为辅。

（2）对时信号输出：装置输出的信号有脉冲信号、IRIG-B 码、串行口时间报文、网络时间报文等。

（3）守时：装置在守时 12h 状态下的时间准确度应优于 $1\mu s/h$。

（4）时源选择及切换：装置比较各个时源之间的时钟差，按照优先级选出基准信号。

（5）闰秒处理：装置显示时间应与内部时间一致。当闰秒发生时，装置应正常响应闰秒，且不应发生时间跳变等异常。

（6）监测功能：采用独立的时间同步监测模块用于监测时间同步装置及被授时设备的时间同步，采用 NTP、GOOSE 方式获取被监测装置对时偏差。当时间同步装置监测模块发现被监测设备时间同步异常时应产生告警。

7. 版本管理

装置命名由装置型号和装置典型分类代码两部分组成，版本信息在菜单中显示。装置版本信息由装置型号、装置名称、软件版本、程序校验码、程序生成时间、ICD 模型版本、ICD 模型校验码、CID 模型版本、CID 模型校验码九部分组成。

8. 质量控制

基于 ISO9000 系列标准统一质量管控要求，规范时间同步装置的工厂验收、现场验收测试内容与流程，提升设备标准化水平。

五、网络报文记录与分析装置

网络报文记录与分析装置（简称网分装置）对智能变电站全站各种网络报文进行实时监视、捕捉、分析、存储和统计，具备变电站网络通信状态在线监测和状态评估功能。装置可对所记录的通信报文进行实时或综合离线分析，从而查找系统及设备存在的异常和隐患，是辅助分析站内一次、二次设备故障和异常的重要工具。

网分装置由一台管理单元和一台或多台采集单元构成。采集单元负责采集、记录和实时分析站控层、间隔层和过程层网络报文，并将分析结果上送管理单元。管理单元负责汇集相关信息，就地展示或上送主站。

1. 外观和接口

网分装置管理单元采用高度为 2U、宽度为 19 英寸的机箱，采集单元采用高度为 4U 或 2U、宽度为 19 英寸的机箱。管理单元和采集单元的面板包括品牌标志、装置名称、指示灯和铭牌标识等区域，铭牌标识的内容应包含生产厂家、装置型号、电源电压、出厂编号和出厂日期等信息。管理单元和采集单元面板示意图如图 2-14 所示。

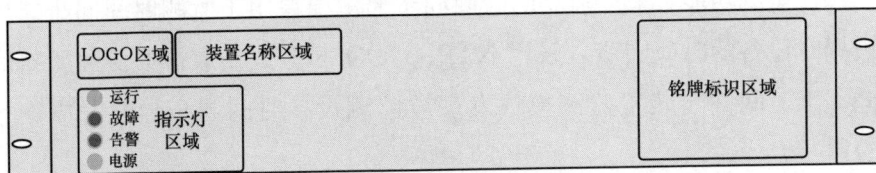

图 2-14　管理单元和采集单元面板示意图

采集单元具备对变电站内通信网络上的所有通信过程进行采集、记录、解析等功能，具备 RJ45 接口和 LC 光纤接口，单个采集单元的采集接口数应不少于 8 个。采集单元具有 IRIG-B 对时输入接口。

管理单元具备对通信报文解析结果和记录数据进行展示、统计、分析、输出等功能，上传通信接口应不少于 2 个，接口类型为 RJ45，100/1000Mbit/s 自适应。管理单元具有 IRIG-B 对时输入接口或 SNTP 对时接口。

2. 人机界面

装置信息展示界面包含全站工况、实时监视、查询统计、记录文件管理、装置信息等。界面上展示全站站控层、间隔层和过程层各设备的概要运行状态信息，以及模型文件中未配置但在实际中出现的通信链路；实时展示所有通信链路的在线解析的结论信息，包括各个通信链路产生的实时状态类变位信息和事件类信息；界面提供各类事件及记录文件的查询条件输入，查询条件应至少包括 IED 设备、通信链路、采集接口、各协议的分析项条目以及起始和结束时间。

3. 信息模型

网分装置按照 DL/T 860 的要求建模，以 MMS 与站控层设备通信，相关信息经 MMS 接口直接上送站控层设备。按照 DL/T 860 定义的数据模型、服务以及建模的方法，同一个功能对象相关的数据以及数据属性建模在该功能对象中，其中也包括该功能对象的一些功能扩展；多个功能相关或者同全系统功能相关的数据建模在公共的逻辑节点或者逻辑设备中。装置建模包括装置自检信息的建模和装置解析结果的建模。

4. 通信服务

网分装置提供关联服务和报告服务。

（1）关联服务：装置使用关联（Associate）、异常中止（Abort）和释放（Release）服务，支持同时与不少于 16 个客户端建立连接。

（2）报告服务：统一报告建模要求，规定了状态类、事件类、统计类、自检告警和公用告警报告的控制块和对应数据集名称。

5. 参数配置

装置具有参数配置界面，实现对管理单元和采集单元的所有参数的集中配置，支持配置参数的读取、编辑和下装；支持导入 SCD 文件，并依据服务规范生成装置自身的 CID 文件。

6. 应用功能

装置具备报文采集、协议分析、网络异常监视、记录文件分析、统计与展示、记录文件管理、通信回路展示功能。

（1）报文采集：具备报文连续采集与记录功能，对通信过程的所有层级报文进行在线解析，能够识别网络、协议、应用数据等异常现象，并监视网络流量、模型一致性等。

（2）协议分析：可对 SV、GOOSE、MMS、NTP、IEC104 等应用协议报文进行解析，并根据协议的分析项及其判据识别设备通信状态，发现异常及时告警。

（3）网络异常监视：装置对变电站过程层、间隔层和站控层网络异常情况进行监视，监视采集接口的流量异常情况，包括流量的突增、突减和越限；监视 TCP 会话异常，当同一通信链路上某一应用端口号同时存在的连接数量大于或等于设定的阈值时告警。

（4）记录文件分析：管理单元汇集并存储各个采集单元的解析结果，支持传输层协议集和应用层协议集中的各种协议报文的结构及各字段数据解析和展示，还有原始报文的显示；结构字段与原始报文关联显示。

（5）统计与展示：装置以通信链路为单位对通信过程进行在线分析，分析结论挂载于通信链路。通信链路的定义或标识应能反映变电站内实际通信过程，并能与实际 IED 设备相对应。可按照按网络、IED、时间段等方式对历史数据进行统计，并能按数据分类和时间段的方式对历史数据进行查询。

（6）记录文件管理：记录文件管理提供查询条件的输入，查询条件应至少包括采集单元、起始和结束时间。查询展示内容应至少包括记录文件名称、所属采集单元、持续时间，并具备记录文件下载、分析、导出等功能。

（7）通信回路展示：以选定的 IED 设备为主体，通过图形方式展示与此 IED 设备相关的所有通信链路，在图中直观地反映被监视通信链路的通信状态。

7. 版本管理

装置版本包括软件版本、模型文件版本。软件版本包括采集单元的软件版本和管理单元的软件版本，软件版本应包括版本号、校验码和生成时间；模型文件版本应包含版本号、校验码和生成时间。

六、交换机

交换机是一种用于电（光）信号转发的网络设备，它可以为接入交换机的任意两个网络节点提供独享的电信号通路，把传输的信息送到符合要求的相应路由上。智能变电站的站控层、间隔层和过程层采用电力工业以太网交换机，具有自动配置、统一管理、流量监控和智能告警等功能。

1. 外观和接口

交换机机箱尺寸均采用标准 19 英寸机箱，高度 1U。设备正面（非出线端）标明交换机品牌标志、装置名称，顶面板标注交换机制造方名称、设备名称、型号、MAC 地址、默认 IP 地址、硬件版本号、通过认证标志及其他必要信息；交换机前面板应设有按端口序号排列的指示灯；背面接线端口应在端口上方或下方标明通信端口序号，每个通信端口应自带端口状态指示灯；交换机设备正面具备 4 路 LED 指示灯。光口统一采用支持带电插拔的多模光器件，电接口统一选用 RJ-45 接口。站控层交换机的前后面板如图 2-15 和图 2-16 所示。

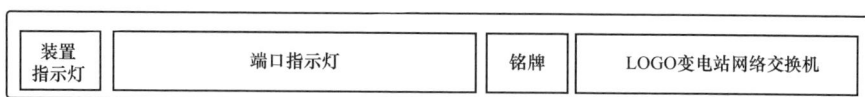

装置 指示灯	端口指示灯	铭牌	LOGO变电站网络交换机

图 2-15　站控层交换机前面板示意图

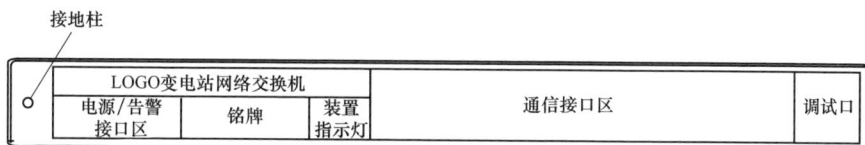

接地柱

LOGO变电站网络交换机			通信接口区	调试口
电源/告警 接口区	铭牌	装置 指示灯		

图 2-16　站控层交换机后面板示意图

2. 人机界面

装置人机展示界面包含登录用户名与密码设置、装置 IP 设置、端口速率设置、端口镜像设置、VLAN 设置、静态组播设置、QOS 设置、GMRP 设置、环网设置及配置文件导入与导出等。人机界面还应具有装置基本信息、MAC 地址表项、日志等参数查询及告警信息查询功能。

3. 信息模型

交换机的建模及通信服务应遵循 GB/T 32890—2016 和 DL/T 860 的要求，具备完善的自描述功能。交换机建模包括装置自检信息的建模和配置管理的建模。自检信息类用于显示交换机当前硬件和软件功能的运行状态，配置管理类用于显示交换机开启的功能配置情况。

4. 通信服务

目前交换机支持的服务包括关联服务、数据读写服务、报告服务、文件服务。各项服务均按照 DL/T 860 标准的规定执行。

5. 应用功能

交换机支持的应用功能，包括数据帧过滤、协议组网、网络管理、日志、WEB 管理、风暴抑制、VLAN、Qos、镜像、环网恢复、时间同步、流量控制等。

6. 版本管理

交换机版本包括软件版本、硬件版本、配置文件版本，其中装置软件版本包含版本号、校验码和生成时间；硬件版本包含版本号；配置文件版本包括版本号、校验码和生成时间。

七、功能提升

四统一、四规范装置与传统装置比较，具有以下优点：

（1）统一外观接口，提升互换能力。

通过统一装置箱体结构、面板布局、铭牌标识、背板布置、LED 指示灯、端子定义、通信接口、对时接口等外观结构，实现不同厂家装置外观结构和接口统一，减少使用习惯差异，方便运维检修人员对不同厂家设备的管理，提升装置互换能力。

（2）规范界面和参数，提升运维便利性。

1）通过统一人机界面，实现同类产品不同厂家装置显示风格和菜单统一；

2）通过规范参数配置文件，实现不同厂家装置参数定值数量、含义、范围、顺序完全统一，提高了调试验收效率，减少误操作概率，快速发现异常现象，提升了运维便利性。

（3）统一信息模型，规范主要功能实现。

1）统一装置信息模型和通信服务，采用标准化建模，规定统一的数据集名称、逻辑节点类型，减少了现场调试验收工作量，提升了互操作的便捷性，为装置运维提升提供基础。

2）明确了装置主要功能要求，通过规范主要功能避免不同厂家设备功能存在差异，增强运行安全性。

（4）规范版本管理，提升运行安全性。

1）增加了版本管理、定值文件管理等功能要求，提升现场调试效率，明确不同版本间装置功能的差异，便于追溯和管理。

2）建立自动化设备版本数据库，规范装置软件升级，提升装置精益化管理水平。

（5）优化装置功能，提升运行支撑能力。

1）"四统一、四规范"测控装置明确细化 3/2 接线方式"和电流"及"和功率"计算、断路器总位置合成、滑档闭锁、档位合成、时间同步管理等功能要求；明确了 SV 采样值报文品质及异常处理功能要求。

2）"四统一、四规范"数据通信网关机明确了记录日志的格式和种类，运行日志、维护日志和操作日志分别记录不同类型的日志内容，便于运维人员查看分析。明确了不同用户的操作权限，不具备权限的用户无法执行选定的操作，极大提升了网关机的安全防护性能。

3）"四统一、四规范"同步相量测量装置采用原始采样数据直接进行谐波分析，真正实现对次同步振荡、电气谐振等过程的准确量测，提升谐波监测分析功能；装置具备 1000～160000Hz 共 21 个采样频率，提升采样频率适应性，完全满足常规变电站、智能变电站、换流站和新能源发电汇集站要求。

4）"四统一、四规范"时间同步装置规定了在不同温度下的装置守时精度，降低了恶劣天气和突发情况对时间同步系统造成的影响，提升守时性能。同时增加时间同步状态监测功能，对二次设备的对时情况进行监测。

5）"四统一、四规范"网分装置增加了应用数据监视、SCD 模型一致性监视、通信回路展示、IEC 104 信息展示等功能要求，增加了闰秒处理、时间跳变处理等时间信号处理要求，优化了装置功能。

6）"四统一、四规范"交换机增加了时间同步管理要求，支持 SNTP/NTP 客户端协议，增加支持基于 NTP 协议的服务器模式，实现时间同步管理功能。增加了多镜像端口、组播流量控制、交换机延时累加功能；多镜像端口可支持一个核心网络接入多个网分或故障录波设备；组播流量控制可以极大地抑制流量风暴发生，对网络稳定可靠运行起到良好技术支撑作用；通过交换机的累加时间戳计算通信链路的总和延时与抖动，降低交换机满负荷存储转发的抖动不确定性。

八、运维功能支撑

"四统一、四规范"装置为了有效支撑自动化智能运维子站相关功能的应用，提升了以下 4 个方面的功能：

（1）标准化建模，支持运维子站服务接口。装置采用标准化建模，支持自动化设备智能运维管控子站服务接口，提供设备台账、通信状态、自检告警、设备资源、内部环境、对时状态等信息。

（2）规范日志文件，实现远程运维管控。规范装置日志文件内容、格式及传输方式。日志文件由装置软件自动维护，长时间存储，失电时日志文件不丢失。装置运行情况及操作维护记录可以就地查看或远传，满足就地及远程运维管控要求。

（3）规范配置文件，支持可视化展示。装置支持 ICD、CID、CCD 等配置文件统一管控，具备 CID 和 CCD 模型配置文件版本号和校验码显示功能。规范的配置文件为可视化展示及管控提供技术条件，提升了现场运维安全性。

数据通信网关机提供远动配置描述文件（Remote Configuration Description，RCD）、遥控报文记录文件、日志记录文件、RCD ＿ RT 文件（某个远传通道某个时刻的 RCD 断面数据）；支持运维子站进行监控信息点表核对、遥控预试功能、季测试等功能。

（4）链路数据实时监测分析，支持智能预警。网分装置实时分析全站所有通信链路状态和协议数据分析结果，并将实时通信链路状态和协议数据分析结果上送运维管控系统子站，支撑运维管控系统在线监测、异常分析和智能预警功能。

第二节　冗余后备测控装置

测控装置作为智能变电站运行信息采集和执行一次设备操作控制的主

要设备，是变电站安全稳定运行的重要基础。变电站测控装置一般采用单套配置，即每个间隔只配备一套测控装置，给变电站的安全运行带来了隐患。单套模式运行可靠性低，当该间隔测控装置故障或检修退出运行时，由于没有备用测控导致该间隔监控功能丧失，暴露出对无人值守变电站远方集中监控的支撑能力不足；或者当测控装置数据异常时，由于没有比对数据而无法及时发现。

《国家电网公司关于加强电网二次系统管理工作的通知》（国家电网调〔2017〕452号）中提出应用集群化、虚拟化等新技术，完善间隔层和站控层的冗余备用功能，提升系统运行可靠性。随着变电站自动化装置网络通信、数据处理、信息存储软硬件资源的不断丰富，通过虚拟技术实现测控、保护软硬件资源的共享已成为新的技术发展方向，为提高变电站二次功能的冗余度和可靠性提供全新的技术方案。

冗余后备测控装置遵循DL/T 860标准，采用模块化、标准化插件式结构，包含多个虚拟测控单元。虚拟测控单元运行于冗余后备测控装置中，以电气间隔为对象部署，采用与对应电气间隔的测控装置相同的模型、参数和配置，具备相同的测量与控制功能。冗余后备测控装置能够通过人工或自动投入虚拟测控单元，实现对应电气间隔的测量与控制功能，可作为变电站测控装置的集中后备。装置具备交流电气量采集、开关量采集、控制输出、防误闭锁、设备状态监测等功能，每台最多可同时虚拟15个间隔测控装置。

一、装置外观和接口

冗余后备测控装置采用标准4U整层机箱，后插式结构。装置由电源板、开入板、管理板、通信板和总线背板（面板）组成。装置具备7路LED指示灯，具备液晶显示功能，人机交互区采用键盘，键盘具备9个功能按键。冗余后备测控装置面板及插件布局如图2-17所示。

装置应至少具备2个独立的GOOSE接口、2个独立的MMS接口、2个独立的SV采样值接口，若采样值与GOOSE共网传输，则应至少具备2

个独立的 GOOSE/SV 采样值接口。具备 IRIG-B 码对时功能，对时接口采用 RS485 差分 B 码或 ST 光纤接口。

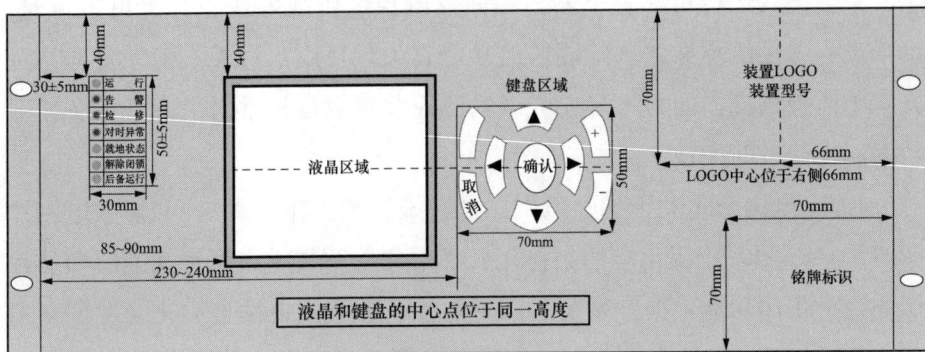

图 2-17 冗余后备测控装置面板及插件布局图

装置对上接入站控层交换机，实现虚拟测控单元 MMS 数据的上送；对下接入过程层交换机，接收各采集执行单元上送的过程层 SV 及 GOOSE 报文，并采用 GOOSE 报文执行控制出口。冗余后备测控装置按电压等级配置，当间隔、母线、主变压器等测控装置故障或检修退出时，可自动或手动投入冗余备用功能，实现功能迁移。变电站冗余后备测控装置网络接入示意图如图 2-18 所示。

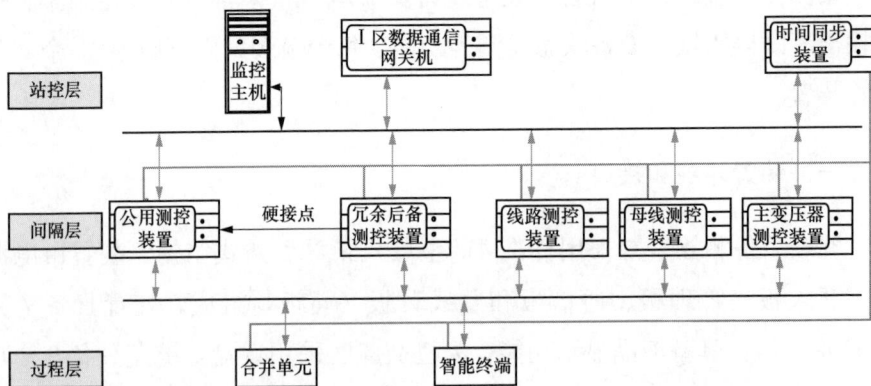

图 2-18 变电站冗余后备测控装置网络接入示意图

正常情况下，虚拟测控单元处于退出状态，单元信息可在液晶界面上按间隔进行查看，虚拟测控单元的站控层和过程层报文发送处于静默状态，不上送数据，不对外发送 GOOSE 报文，不接收站控层控制操作。当现场实体测控装置发生故障或者处于检修状态时，投入对应的虚拟测控单元，对外通信使能，保证该间隔站控层和过程层数据的正常。当实体测控装置恢复正常或者检修完毕时，退出对应的虚拟测控单元，恢复实体测控为原来正常状态。为避免虚拟测控与实体测控同时在线运行，冗余测控装置会主动闭锁对应虚拟测控单元的投入。冗余后备测控装置的工作流程如图 2-19 所示。

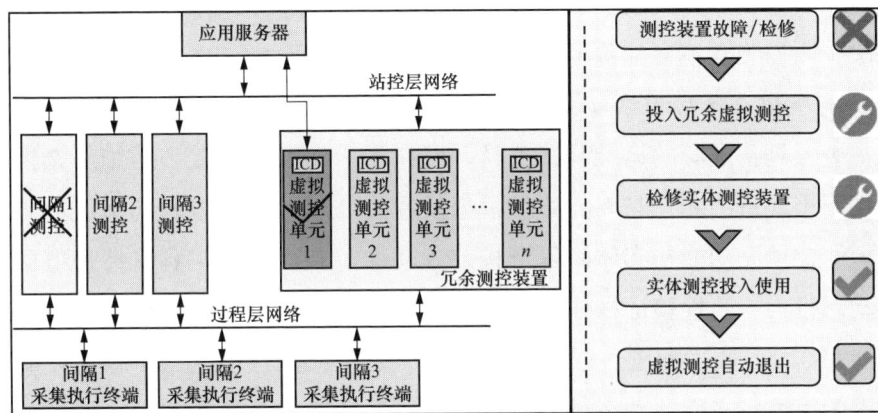

图 2-19　冗余后备测控装置的工作流程

二、装置功能

装置能够对 Q/GDW 10427—2017 中规定的间隔测控、3/2 接线测控、母线测控进行冗余备用。单台冗余后备测控装置支持同时下装 15 个测控装置的模型、参数、配置，支持按间隔进行管理，支持 15 个虚拟测控单元同时运行。每个虚拟测控单元在交流电气量采集、状态量采集、GOOSE 模拟量、控制功能、同期功能、逻辑闭锁功能、记录存储功能等方面与常规测控装置保持一致，满足 Q/GDW 10427—2017 标准的相关技术要求。装置具备配置文件导入、导出功能，虚拟测控单元使用与变电站测控装置相同的模型、参数和配置等。支持对装置自身运行信息建模，实现运行状态、故障告警信号、通信工况、软压板状态等信息上送。

三、关键技术

1. 测控虚拟化技术

测控虚拟化基于容器化（Docker）技术实现，为每个虚拟测控单元提供相互独立的运行空间，实现每个间隔资源的相互隔离，同时实现虚拟测控单元的快速部署。通过模拟测控功能以及冗余备份管控策略，构建智能变电站测控集中式冗余备用架构，灵活实现对间隔测控、3/2 接线测控、主变压器低压双分支测控、母线测控的备用，适用于不同电压等级变电站，解决了测控装置单套配置可靠性不足的问题。

2. 集中式备用测控与间隔测控一致性校验技术

装置具备配套的运维调试工具，可在不增加工程配置和运维复杂度的条件下实现备用测控与间隔测控模型及配置文件一致性校验，保证故障时虚拟测控单元功能与实体间隔测控装置功能一致。调试工具支持静态配置和动态行为一致性验证操作。静态配置一致性验证内容包括模型文件、站控层 GOOSE 收发配置、过程层 GOOSE 收发配置、过程层 SV 接收配置和防误闭锁逻辑文件。动态行为一致性主要从功能方面进行验证，使用相同测试项分别对虚拟测控单元和对应电气间隔测控装置进行功能验证并生成测试报告，在一致性验证失败时提供详细完备的提示信息，方便运维调试人员分析和处理问题。

3. 冗余后备测控投入运行闭锁可靠性技术

当装置自检故障时，闭锁投入虚拟测控单元，对于已投入的虚拟测控单元应闭锁控制出口。通过检测测控装置的过程层、站控层 GOOSE 报文发送状态判别实体测控装置是否在线运行，当实体测控装置在线运行时，冗余后备测控装置闭锁对应虚拟测控单元的投入。

四、应用效果

冗余后备测控装置应用于智能变电站，实现智能变电站 110kV 及以上电压等级测控装置实时功能冗余。当间隔实体测控装置故障或检修退出运行时，可快速投入该间隔相对应的虚拟测控单元，恢复该间隔的监控功能。冗余后备测控装置的部署提高了监控系统功能可靠性，满足了远方集中监控及现场运维要求。

第三节　多功能测控装置

目前变电站自动化系统针对稳态测量和动态测量分别配置了测控装置和 PMU 装置，独立采集数据支撑不同应用。该方案存在装置较多、配置复杂、同源技术集成度不够以及建设维护成本高等缺点，因此有必要对同一数据源进行统一测量，以便为大电网的分析提供系统、全面的数据。测控功能和 PMU 功能在数据采样、信号调理、数据运算处理等方面存在很多相同的需求，具备整合条件。智能变电站由过程层设备统一实现交流量、开关量等数据的同步采样，也为测控装置集成 PMU 功能奠定了基础。通过提炼两种量测功能的共性技术，经过数字处理算法的融合与优化，可在高性能硬件平台上实现两种量测功能的集成。

多功能测控装置是厂站计算机监控系统的信息采集、数据处理及控制单元，支持 DL/T 860 通信报文规范，支持数字量采样、模型导入和导出，具备交流电气量采集、开关量采集、控制输出、防误闭锁、设备状态监测、同步相量测量等功能。多功能测控装置是集传统测控功能和同步相量测量功能于一体的新一代测控装置，能够实现本间隔的测控、同步相量测量功能。

一、装置外观和接口

装置采用 4U 整层机箱，机箱尺寸符合 GB/T 19520.12—2009 的规定，各功能模块采用模块化、标准化、插件式结构设计。装置外观、面板布局与测控装置类似。装置至少具备 2 个独立的站控层通信接口，具备组播输出报文流量控制功能，避免两个组网口同时产生网络风暴报文；至少具备 6 个独立的 GOOSE/SV 采样值接口，具备相互独立的数据接口控制器，具备 IRIG-B 码对时功能。

二、装置功能

1. 测控功能

多功能测控装置功能应满足 Q/GDW 10427—2017 中的技术要求：①具备交流电气量、状态量、GOOSE 模拟量的采集功能；②具备控制功能、同期功能；③具备防误逻辑闭锁、记录存储、通信、对时功能和运行状态监测管理功能。

2. 同步相量测量功能

多功能测控装置集成同步相量测量功能，具备实时监测、实时通信、连续录波、低频振荡告警、次同步振荡监测等功能。

三、关键技术

1. 数据共享技术

多功能测控装置实现对不同量测数据的同步采集，对两种量测功能的共性技术进行提炼，对数据采集、运算处理等环节进行融合优化，形成统一的数据接口和实时的任务调度。

2. 频率跟踪及重采样技术

分析测控、PMU 功能对交流采样的需求，提炼交流采样数据处理中的共性技术，设计成公共的功能模块，对交流量采样数据进行统一处理。装置接收合并单元发送的 4kHz 采样率 SV 报文，对于测控、PMU 的模拟量统一采用频率跟踪重采样技术，能够满足不同采样频率量测数据的精度要求。多功能测控装置的交流量采样处理数据流如图 2-20 所示。

合并单元采集互感器输出的交流量，根据 DL/T 860.92 采样值传输标准组帧后发送至相关装置。合并单元接受时钟对时，输出与对时脉冲精确同步的采样脉冲，实现数据的同步采样。当系统频率出现波动时，多功能测控装置需要通过调整采样频率实现频率跟踪采样。为了满足整周期采样，减小频谱泄漏和栅栏效应带来的误差，需要对合并单元上送的采样值进行处理。另外，目前合并单元采样频率为 80 点/周波，而多功能测控装置多采用傅里叶算法进行计算，采样率一般是 32 点、64 点等，两者并不相等。为了不改变原来装置成熟的算法，需要对接收到的合并单元采样值进行重采样。将 80 点数据抽取成 64 点，再采用快速傅里叶变换进行运算处理，得到电压、电流的有效值和功率等计算量。

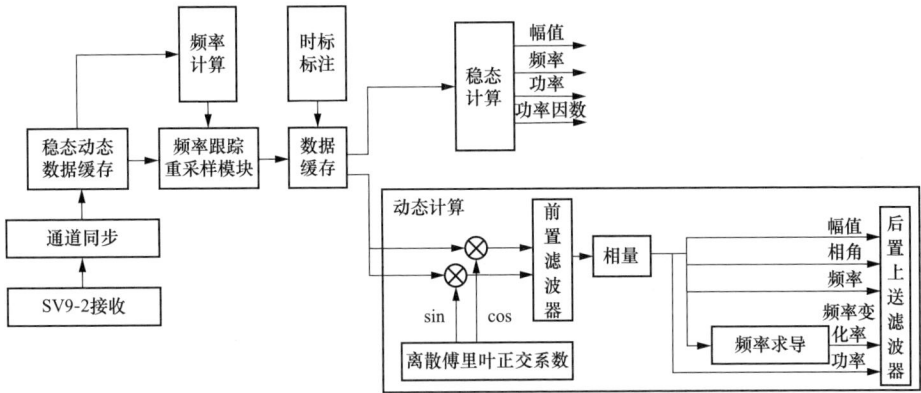

图 2-20　多功能测控装置的交流量采样处理数据流

频率跟踪重采样保证了系统频率在一定范围内波动时始终保证整周期采样。PMU 测量多采用离散傅里叶算法计算相量，为避免采样频率与信号频率不同步造成的误差，也需要实时跟踪被测信号频率并调整采样率，以确保离散傅里叶算法的每个采样数据窗都能反映被测信号的一个完整周期。当频率计算的分辨率足够高时，就能够满足同步相量高密度数据同步的要求。

3. 算法融合与优化

对测控和 PMU 功能的量测结果或运算处理的中间数据进行共享，可以实现数据的优化。要将以上两种测量功能融合到一个装置中实现，完成不同数据的运算处理，需要将其共性技术整合为公共的算法模块，形成统一的数据接口，并进行合理的任务分配及调度。多功能测控装置的公共模块设计如图 2-21 所示。

采用高精度算法进行频率计算，频率测量的精度满足两种功能中最高的精度指标要求，频率测量的结果可提供给所有功能模块使用。两种功能均可通过傅里叶算法进行计算，对各采样通道的傅里叶计算进行集中处理。稳态遥测计算得到精确的电压、电流、功率等量测数据，可提供给 PMU 功能模块使用，例如 PMU 测量的动态数据可结合稳态遥测数据进行精度校核，动态事件可结合稳态测量电压、电流有效值进行判断。

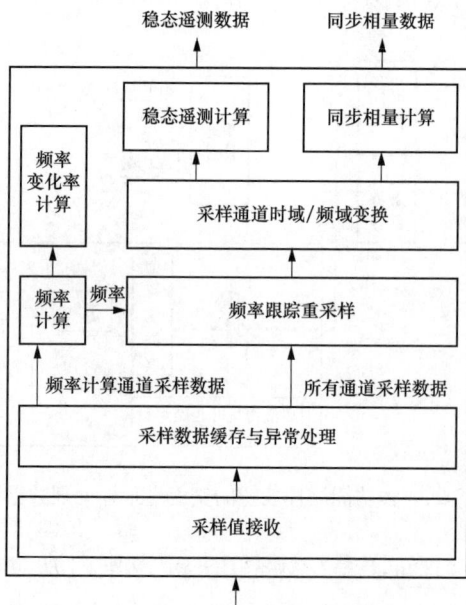

图 2-21　多功能测控装置的公共模块设计

4. 精确对时与守时

精确的对时对控制广域测量系统特别重要，采用高精度对时技术可实现站内和站间的准确对时，要求对时的精度达到微秒级。多功能测控装置的对时系统基于北斗或 GPS 时钟同步信号，其中 IRIG-B 码对时精度达到微秒级要求。装置采用高精度晶振守时和 RTC 掉电时间保持等功能。在失去对时源的情况下或装置掉电后，RTC 自行走时，以实现守时功能。

5. 高精度实时软件测频技术

频率是电力系统的重要参数，频率偏差是反映电力系统电能质量的重要指标之一，准确地测量电力系统实际频率对保证电力系统稳定运行具有重要意义。多功能测控装置依据测控与同步相量数据测量的精度要求，实现系统频率跟踪的快速计算，且频率计算间隔不小于 10ms。傅里叶算法具有较强的滤波特性和抗干扰性，在实际中应用广泛，多功能测控装置采用改进的傅里叶测频算法，该算法能够有效提升频率的测量精度。

6. 数字化采样同期技术

采用恒定越前时间的同期原理，在断路器两侧电压的相角差为零之前的一定时间发出合闸信号，当断路器的主触头闭合时，断路器两侧电压的相角差为零，对电网的冲击最小。从多功能测控装置发出合闸信号到断路器主触头闭合所经历的时间是断路器的合闸导前时间，主要包括出口继电器动作时间和断路器合闸时间。装置根据合闸导前时间和合闸点两侧电压的滑差推算出合闸越前相角，并在此越前相角发出合闸信号。装置采用最佳平方逼近方法，充分利用测量信息对断路器两侧电压的相位差的变化建立数学模型，根据模型进行同期点预报。

四、应用效果

配置了多功能测控装置后，变电站不再配置同步相量测量装置。多功能测控装置通过两种量测功能集成，形成统一的数据时标，有利于站内、区域、全网事故分析。与采用独立装置分别采集稳态和动态量测数据的方法相比，在保证各项技术指标的前提下提高了设备的集成度，减少了设备数量，降低了建设与维护成本，同时提高了变电站监控系统的集成度，简化了变电站二次系统的架构。

第四节 宽 频 测 量 装 置

随着新能源大规模并网、高压直流输电技术及柔性交流输电技术的快速发展，电力电子设备在电网中的应用日益广泛，其突出特征就是使电网呈现电力电子化发展趋势，给电网注入了大量间谐波和高次谐波信号。当前电网仍然以工频信号的测量为主，无法支撑间谐波和高次谐波的测量需求，难以应对大量新能源并网地区出现的次同步、超同步振荡监测等需求，需要采用具备宽频振荡监测功能的测量装置，用于电网 0～2500Hz 范围内基波、谐波和间谐波信号的统一测量、传输、记录和告警。

宽频测量装置用于电网宽频信号测量、记录和告警，装置应具有基波相量测量、谐波和间谐波测量功能；具有宽频振荡监测功能，包含低频振荡监测、次同步、超同步振荡监测及 100～300Hz 宽频段振荡监测；具有谐波、间谐波越限告警、振荡告警及录波功能；同时应具有时间同步对时管理功能。宽频测量装置宜采用模拟量采样，采样频率应不低于 12.8kHz，应能接入不少于 2 个电气间隔的数据测量。宽频测量装置与宽频测量处理单元构成宽频测量子站，与位于调控中心的宽频测量主站构成宽频测量系统。宽频测量系统架构图如图 2-22 所示。

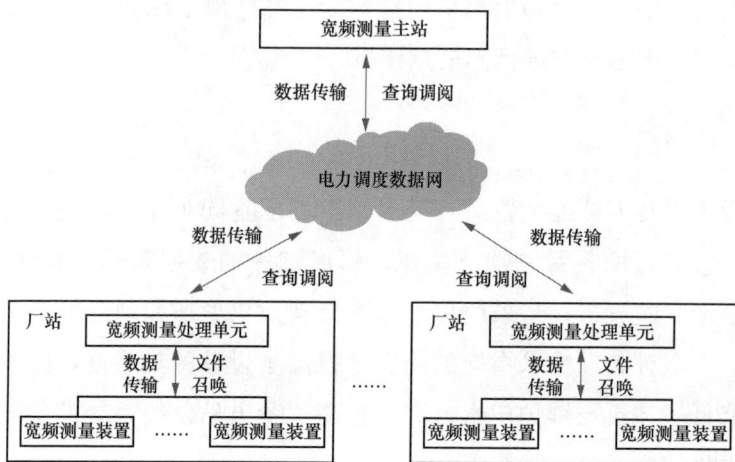

图 2-22　宽频测量系统架构图

一、装置外观和接口

装置采用 4U 整层机箱，机箱尺寸符合 GB/T 19520.12—2009 的规定，各功能模块采用模块化、标准化、插件式结构设计。装置外观、面板布局与测控装置类似。装置至少具备 4 个以太网接口，分别用于 MMS 通信和 PMU 数据集中器通信；具备 RS485 对时接口和 RS232 串口。采用数字采样的装置还应具备 GOOSE/SV 采样值接口；具备 IRIG-B 码对时功能口。

二、装置功能

1. 测量单元功能

装置具备三相基波电压相量、三相基波电流相量、电压及电流的基波正序相量、频率、频率变化率、功率和开关量信号的测量功能，测量的准确度应遵循 Q/GDW 10131 的要求；应支持 2.5～45Hz、55～100Hz 范围内间谐波电压、电流的测量，包括频率及各频率对应的幅值；支持 100～2500Hz 范围内谐波、间谐波测量，谐波、间谐波的计算方法宜遵循 GB/T 17626.7 标准。

(1) 宽频振荡监测：①宽频测量装置应能监测 0.1～2.5Hz 范围内电网功率的低频振荡，应能监测 2.5～45Hz 范围内功率的次同步振荡和 55～95Hz 范围内功率的超同步振荡，应能监测 100～300Hz 范围内功率的宽频振荡；②当电网发生振荡时应触发告警并启动录波，并将监测到的宽频振荡的频率、幅值等信息传输到主站，应能按照振荡幅度的强弱依次将最主要的 10 个振荡频率及对应的幅值上送。

(2) 数据记录：装置具备故障录波功能。在以下情况应能建立事件记录并启动录波：①在电网发生频率越限或频率变化率越限时；②幅值越上下限，包括正序电压、正序电流、负序电压、负序电流、零序电压、零序电流、相电压、相电流越上限，正序电压、相电压越下限时；③系统发生低频振荡、宽频振荡和次同步、超同步振荡时；④系统发生间谐波电压越限、间谐波电流越限时，应能建立事件记录并启动录波。

(3) 通信功能：①宽频测量装置支持 GB/T 26865.2 标准，具有对外传输同步相量、间谐波、谐波、告警信息及录波文件的功能；支持 DL/T 860 标准，具有对外传输告警信息和状态事件的功能；②也可具有对外传输基波、谐波、间谐波测量数据的相关功能。

2. 处理单元功能

宽频测量处理单元用于厂站端宽频测量数据接收、存储和转发。宽频测量处理单元具有数据的预处理和分析功能，支持原始测量数据、预处理分析数据和诊断分析结果数据向主站的定制传输。

（1）数据存储：①宽频测量处理单元具备动态数据的记录存储功能，其记录存储要求应遵循 Q/GDW 10131 标准；②宜支持宽频测量数据统计分析文件存储，支持宽频测量装置事件录波文件的召唤和存储；③可支持宽频测量处理单元其他文件的存储。

（2）数据预处理和分析：①宽频测量处理单元具备 2500Hz 以内单通道和多通道的谐波、间谐波分析功能，支持频谱分析；支持数据分析时间窗的选择功能；②支持基波量的相量分析功能，包括基波幅值和相位。

（3）通信功能：①宽频测量处理单元能实时接收、解析宽频测量装置传输的数据报文，包括动态数据传输报文、离线数据传输报文和文件，能向多个主站实时转发站内宽频测量数据，并遵循 Q/GDW 10131 相关标准要求传输相量数据；②同时具备主站对文件的召唤功能，包括故障录波文件、连续录波文件、动态数据记录文件。

三、关键技术

1. 采样频率设计

宽频统一测量功能分为宽频域电气量测量、PMU 同步相量测量和次同步振荡检测三个部分。宽频域电气量是指工频周期的基波分量，工频周期整倍次频率的谐波分量，最高为 50 次谐波，和除此之外的 1Hz 及 1Hz 整倍次频率的间谐波分量，间谐波分量最高为 100Hz。要测量频率为 2500Hz 的 50 次谐波分量，根据采样定理，宽频统一测量装置的采样频率至少为 5000Hz，为消除频率混叠及便于 FFT 运算，采样频率取为被测信号频率上限的 2.56 倍，即 6400Hz。为了提高测量精度，实际使用的采样频率为 12800Hz。PMU 同步相量和次同步振荡的测量频率在 50Hz 附近，因此 12800 点/s 的采样率满足同步相量测量和次同步振荡检测的要求。

2. 算法模型设计

测控装置的主要算法是离散傅里叶变换。宽频域电气量测量使用快速傅里叶变换分解算法，快速傅里叶分解算法本质是把输入量分解成直流量和选定的基波分量及基波分量的整倍次谐波分量，快速傅里叶分解后可以计算出 50Hz 的工频分量。在只有基波或整数次谐波的情况下，可以使用快速傅里叶宽频域电参量计算出的工频分量替代 PMU 同步相量计算，但是在干扰情况下快速傅里叶分解算法不能满足 PMU 要求。为了准确测量每个频率的分量，完全消除带外频率干扰，宽频域电气量测量、PMU 同步相量测量和次同步振荡检测使用相同的采样回路和原始采样数，各个功能对数据的处理算法各自独立。宽频域电气量测量采用快速傅里叶分解算法，PMU 交流输入量经过前置低通滤波器滤除高频分量，再对经过正交变换的结果进行进一步分析，可以用于检测次同步振荡的发生。

3. 谐波算法设计

在非同步采样条件下，对电力系统电压、电流信号进行短时傅里叶变换分析时，基波、谐波、间谐波和各自负频率成分间会产生严重的频谱干扰。因此，为了准确提取并测量混叠频谱中的关注成分，设计了短时频谱分离算法，用于信号的参数测量。首先基于短时傅里叶变换建立短时窗多频率信号模型，并推导出短时频谱分离算法，分离出关注频率成分和干扰的频率分量，最终计算出各个频率成分的参数。

四、应用效果

宽频测量装置主要应用于常规变电站、新能源并网接入厂站、高压直流变电站、换流站、牵引站，实现电网信号宽频域范围内基波、谐波和间谐波信号的统一测量、记录和告警，在宽频振荡实时监测的同时，将基波、谐波和间谐波信号传输到宽频测量主站，以保证宽频测量主站能够获取电力系统内各子站宽频振荡的全部信息，从而实现对宽频振荡全景监视，定位振荡源，分析振荡传播路径，为抑制电力系统内宽频振荡提供数据支撑。

第五节　智 能 对 点 装 置

智能对点装置是基于 DL/T 860 和 IEC 104 标准开发的监控信息验收

工具，可应用于 DL/T 860 标准通信的智能变电站或常规变电站，能够适用于各种电压等级的新建或改扩建变电站工程的调度遥信、遥测联调工作。智能对点装置具备数据通信网关机与监控后台同步验收功能，同时实现了厂站端和主站端的监控信息智能对点或自动对点，可以大幅提高智能变电站监控信息验收效率，确保监控信息投运的正确性、完整性。

一、装置功能

1. 数据通信网关机配置自动闭环校核

通过仿真全站间隔层装置发送 MMS 报文，同时模拟主站接收数据通信网关机 IEC 104 报文，实现网关机转发配置的自动闭环校核，自动生成校核报告，形成远动配置点表，并能与监控信息表进行一致性比较，检查远动转发表是否错配、漏配、多配以及调控信息是否与实际相符。数据通信网关机配置自动闭环校核示意图如图 2-23 所示。

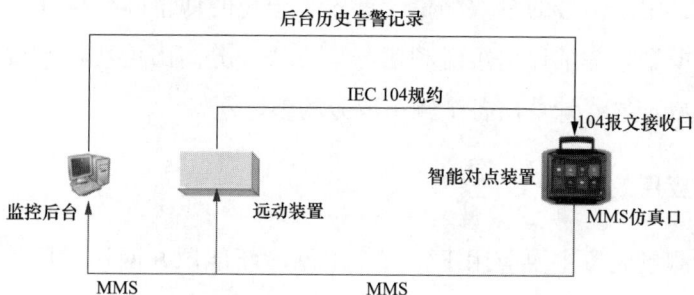

图 2-23 数据通信网关机配置自动闭环校核示意图

2. 变电站监控后台及数据通信网关机同步验收

智能对点装置具有 IEC 104 模拟主站功能，可在与主站对点之前，由变电站调试人员施加实际信号量，在厂站端通过模拟主站功能，与监控后台主机进行同步验收，校验数据通信网关机配置与变电站一次、二次信号一致性。变电站监控后台及数据通信网关机同步验收示意图如图 2-24 所示。

3. 调度主站智能核验

数据通信网关机配置校核正确后，可通过智能对点装置实现全站多装置跨间隔的仿真传动，并能通过导入监控信息表按照点表顺序进行对点测试。与调度中心核实信号时，在监控后台可同时进行信号复核，保证监控后台告警窗信号正确及光字牌正确点亮，实现智能对点。智能对点应用场景示意图如图 2-25 所示。

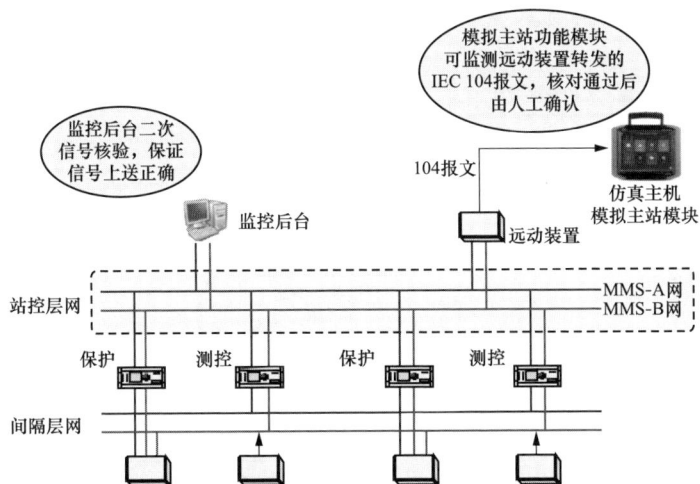

图 2-24　变电站监控后台及数据通信网关机同步验收示意图

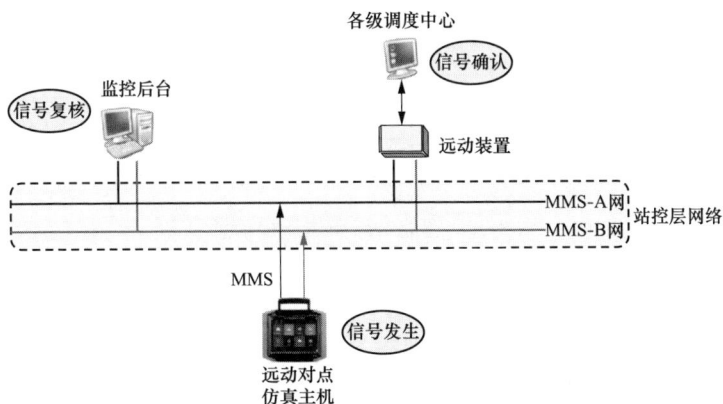

图 2-25　智能对点应用场景示意图

调控主站具备自动验收功能应用模块，可实现前置配置信息校核、监控信息自动验证及监控画面信息关联正确性验证等功能。厂站侧则用智能对点装置作为信息源的自动触发装置。智能对点装置启动全站仿真后，按照监控信息点表顺序和自动验收校验规则自动触发遥信、遥测信号，通过数据通信网关机上送信号，与主站自动验收模块实现程序化自动对点。智能对点操作流程如图 2-26 所示。

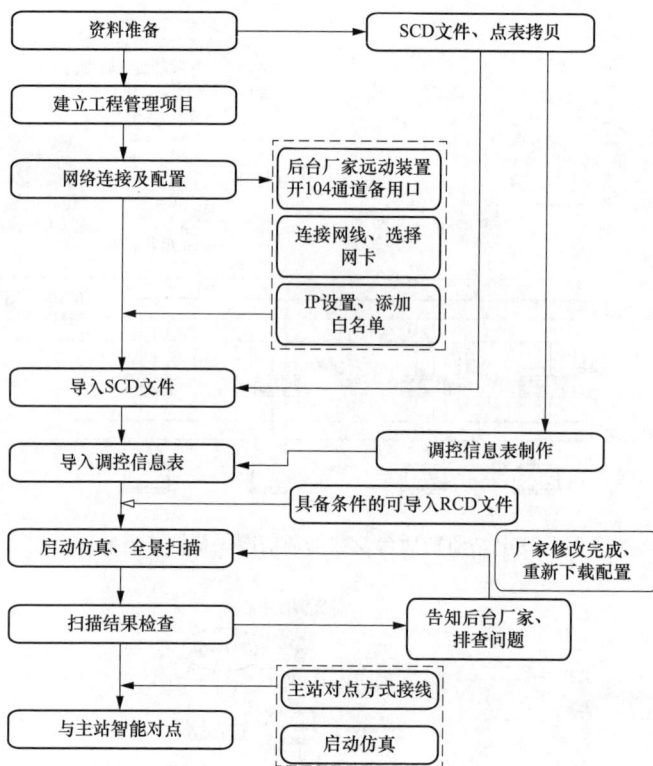

图 2-26　智能对点操作流程示意图

二、关键技术

1. SCD 文件快速解析技术

SCD 文件采用 XML 可扩展标记语言编写。对于 XML 文件的解析一般有两种方案；①DOM（Document Object Model，DOM）方式，先将 XML 文件装载到内存中，然后可以随机访问任意的节点；②SAX（Simple API for XML，SAX）方式，在读取 XML 文件的同时解析 XML 文件。其中

DOM 方案的优点是访问方便，缺点是占用内存较大；SAX 方案的优点是内存占用小，缺点是访问不方便。考虑到 SCD 文件本身不会特别大，所以优先采用 DOM 方案进行解析。

DOM 方式通过 XPath（XML Path Language，XPath）快速查找技术，加上构建的哈希算法，实现 SCD 文件的快速解析。经测试，100M 的 SCD 文件解析速度在 5s 左右，200M 的 SCD 文件解析速度在 7s 左右，解析内容包含了虚端子信息，虚端子连接关系、报告控制块、通信参数等信息。

2. MMS 全站仿真技术

通过解析 SCD 文件，获取 MMS 通信配置文件 CID 文件，同时通过获取装置的 IP 地址，在指定网卡上虚拟对应的 IP 地址，实现一台设备一个网卡同时仿真 200 个 MMS 仿真装置。智能对点装置可以支持 8 个以上的实例连接，如监控后台、数据通信网关机等。

开发架构上，采用实时数据库加多进程技术，每个 MMS 仿真装置是一个独立的进程，主控系统与通信规约之间通过实时数据库进行交互，将各个模块解耦，保证了模块的独立性以及系统的可靠性，同时也增加了可扩展性。

3. 多数据源智能识别匹配技术

遥信全景扫描是智能对点过程中最关键的一环，通过 SOE 时标的唯一性，将 MMS 发送记录文件、IEC 104 接收记录文件、后台历史事件记录文件 3 个文件进行分析整合，进而获取数据通信网关机的转发关系表，如图 2-27所示。

三、应用效果

智能对点装置的应用，使变电站与主站调控信息的联调摆脱了现场实际保护、测控等装置的约束，核对工作的离线化开展模式支持信息联调工作不受其他调试工作的影响。通过 IED 仿真工具实现全站信息的全景扫描，避免了传统模式中人工核对可能出现遗漏核对的情况，使调控信息点表配置校核工作更具完整性。同时自动对点功能有效缩短信息联调工作的调试时间,提升工作效率。智能对点装置的数据通信网关机与监控后台同步验收功能,在调控信息对点的同时实现监控后台监控信号的复核,保证监控后台信息定义的准确性。

经远动装置校核测试可获取以下3个文件:		
MMS 发送记录文件	IED 104报文接收记录文件	后台历史事件记录文件
SOE 时间 Ref(路径) SCD 描述	SOE 时间 104点号	SOE 时间 监控后台描述

通过以上3个文件,根据SOE时间的唯一性,经数据分析可获取下列信息:				
SOE 时间	104点号	Ref(路径)	监控后台描述	SCD 描述

导入调控信息表后,提取主站描述以及站内对应描述后,可形成完整的远动测试报告:					
104点号	主站描述	对应站内描述	监控后台描述	Ref(路径)	SCD 描述

图 2-27　文件分析过程

第三章

智能变电站自动化新技术

第一节 电力系统通用服务协议与 DL/T 860 通信报文

一、智能变电站通信协议应用简介

IEC 61850 标准是变电站自动化领域的第一个完整的通信标准体系，该标准的大部分内容在 2004 年正式颁布，2009 年陆续发布第二版。IEC 61850 标准定义了变电站的信息分层结构，采用了面向对象的数据建模技术。面向对象的数据自描述方法简化了对数据的管理和维护工作，采用映射的方法实现通信，实现了无缝通信系统的要求，为不同系统、不同设备之间的无缝联接提供了统一平台，其核心可归纳为信息建模、抽象服务、具体映射三部分。与传统通信协议体系相比，具有以下特点：采用分层体系；信息传输采用与网络独立的抽象通信服务接口（ACSI）和特定通信服务接口（SCSI）；信息模型采用面向对象、面向应用的自描述；具有互操作性。IEC 61850 的制定和发布为构建智能变电站的体系结构和通信网络提供了理论基础和技术依据，我国将该标准等同引用为行业标准 DL/T 860。

采用将 DL/T 860 抽象通信服务接口映射到 MMS 的方式存在报文长度过长、服务需要转换等弊端，国家电力调度控制中心于 2019 年组织中国电科院编制完成了《变电站二次系统通信报文规范》，简称 CMS。CMS 规定了将 DL/T 860 抽象通信服务接口直接映射到 TCP/IP 协议进行数据交换的方法，明确了通信的数据结构、服务参数、编解码规则和交互要求。变电站二次系统通信报文规范协议栈图如图 3-1 所示。

DL/T 860抽象通信服务接口
变电站二次系统通信报文规范
表示层：ASN.1 PER(ISO 8825-2)
TCP/IP

图 3-1 变电站二次系统通信报文规范协议栈图

CMS 协议数据单元遵循 GB/T 33602（GSP 协议），在 DL/T 860 抽象

服务接口的基础上增加了关联协商、测试、远程调用等服务，其他服务基本和 DL/T 860 保持一致。DL/T 860 服务与 MMS、CMS 服务的映射关系如表 3-1。

表 3-1　　　　　　　　DL/T 860 与 MMS、CMS 服务的映射关系

DL/T 860 模型	DL/T 860 服务	MMS 服务	CMS 服务
服务器	GetServerDirectory	GetNamedList	GetServerDirectory
逻辑设备 (LD)	GetLogicalDeviceDirectory	GetNamedList	GetLogicalDeviceDirectory
逻辑节点 (LN)	GetLogicalNodeDirectory	GetNamedList	GetLogicalNodeDirectory
数据 (Data)	GetAllDataValues	Read	GetAllDataValues
	GetDataValues	Read	GetDataValues
	SetDataValues	Write	SetDataValues
	GetDataDirectory	GetVariableAccessAttributes	GetDataDirectory
	GetDataDefinition	GetVariableAccessAttributes	GetDataDefinition
数据集 (DataSet)	GetDataSetValues	Read	GetDataSetValues
	SetDataSetValues	Write	SetDataSetValues
	CreatDataSet	DefineNamedVariableList	CreateDataSet
	DeleteDataSet	DefineNamedVariableList	DeleteDataSet
	GetDataSetDiretcory	GetNamedVariableListAttribute	GetDataSetDirectory
报告控制块 (RCB)	Report	InformationReport	Report
	GetBRCBValues	Read	GetBRCBValues
	SetBRCBValues	Write	SetBRCBValues
	GetURCBValues	Read	GetURCBValues
	SetURCBValues	Write	SetURCBValues
控制 (Control)	Select	Write	Select
	SelectWithValue	Write	SelectWithValue
	Cancel	Write	Cancel
	Operate	Write	Operate
	TimeActivatedOperate	Write	TimeActivatedOperate
	CommandTermination	InformationReport	CommandTermination
文件 (File)	GetFile	FileOpen，FileRead，FileClose	GetFile
	SetFile	ObtainFile	SetFile
	DeleteFile	FileDelete	DeleteFile
	GetFileAttributeValue	Sequence of File Diretcory	GetFileAttributeValues

DL/T 860 模型	DL/T 860 服务	MMS 服务	CMS 服务
定值组控制块（SGCB）	SelectActiveSG	Write	SelectActiveSG
	SelectEditSG	Write	SelectEditSG
	SelectSGValues	Write	SetEditSGValue
	ConfirmEditSGValues	Write	ConfirmEditSGValues
	GetSGValues	Read	GetEditSGValue
	GetSGCBValues	Read	GetSGCBValues
日志控制块（LCB）	GetLCBValues	Read	GetLCBValues
	SetLCBValues	Write	SetLCBValues
	GetLogStatusValues	Read	GetLogStatusValues
	QueryLogByTime	ReadJournal	QueryLogByTime
	QueryLogAfter	ReadJournal	QueryLogAfter
取代（Sbustitution）	GetDataValues	Read	GetDataValues
	SetDataValues	Write	SetDataValues
GOOSE	SendGOOSEMessage	SendGOOSEMessage	SendGOOSEMessage
	GetGoReference	GetGoReference	GetGoReference
	GetGOOSEElementNumber	GetGOOSEElementNumber	GetGOOSEElementNumber
	GetGoCBValues	SetGoCBValues	SetGoCBValues
	SetGoCBValues	GetGoCBValues	GetGoCBValues
采样值传输（SV）	SendMSVMessage	SendMSVMessage	SendMSVMessage
	GetMSVCBValues	GetMSVCBValues	GetMSVCBValues
	SetMSVCBValues	SetMSVCBValues	SetMSVCBValues
关联（Associate）	Associate	Initiate	Associate
	Abort	Abort	Abort
	Release	Conclude	Release

二、电力系统通用服务协议

电力系统通用服务（General Service Protocol for Electric Power System，GSP）协议是国家电网公司于 2015 年组织国内主流二次设备供应商共同制定的协议规范。

GSP 协议采用面向服务的体系架构，通过一系列的接口服务实现服务消费者和服务提供者间的信息交换。该服务架构由域管理、服务管理、服务代理、服务提供者及服务消费者构成，其构成如图 3-2 所示。

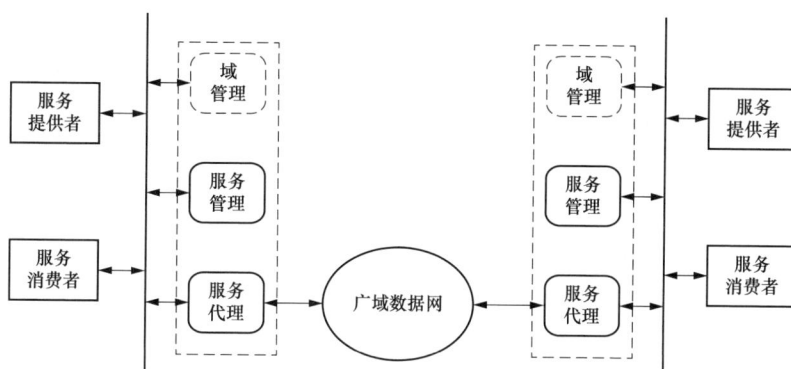

图 3-2　GSP 协议服务架构

在进行本地通信时，数据交互通过服务消费者和服务提供者之间的通道直接进行。在进行远程通信时，通过本地服务代理和远方服务代理间的配合，在服务消费者和服务提供者之间建立起逻辑的数据连接，进行服务通信。

GSP 协议基于 OSI 参考模型构建，基于连接方式的数据交互采用 TCP/IP 协议，基于无连接方式的数据交互采用 UDP、IP 或以太网协议。

GSP 协议继承了 DL/T 860 的通信服务和数据结构及其自描述和动态维护等特性，采用面向对象的 M 编码（DL/T 1232）方式取代原面向数据的 ASN.1 编码方式，吸收 DL/T 476 和 DL/T 634 等高效实时数据通信的技术特点，支持面向对象的高效实时数据通信服务。通过服务原语和报文数据结构的自描述机制，支持预定义或自定义的创建、维护、扩充服务原语及报文数据结构（类），将简单高效的实时数据通信服务与灵活方便的离线维护服务分离，功能互补，不相互影响。GSP 协议目前已在上海、浙江、黑龙江、河北等地开展应用。

第二节　变电站自动化设备智能运维系统

目前智能变电站的运维管理模式依然与传统的综合自动化变电站无异，主要表现为人工经验型、检修周期型，运维管理模式及配套支撑技术未能随着智能站自动化设备技术的进步而革新，自动化设备运维管控业务尚未建立全方位、科学的运维管控体系，严重制约智能变电站自动化设备运维管控水平的提高。智能变电站运维当前面临的问题：①缺少针对自动化设备版本、定值、虚回路、光纤回路、二次安全操作、软硬压板等的有效的运维技术支撑平台，增加了变电站运维、检修及改扩建的不可控性，存在自动化设备误操作、误接线、误设置等情况，关键设备及其回路发生缺陷时无法快速定位诊断，不能满足运维人员快速应急抢修需求；②缺少对自动化设备上送的数据信息进行有效的分析，无法对设备的隐性故障进行预警，尤其对于关键的控制操作失败的情况，只能在事后进行问题排查，不利于自动化系统的稳定运行。

智能变电站自动化设备运维管控系统通过围绕自动化设备的全景建模技术，实现设备的配置数据和运行数据的管控，通过对智能变电站设备配置数据的集中采集、分析以及存储，实现智能变电站自动化设备台账、设备模型、定值、版本、配置文件及业务功能等重要数据及状态的主动监视、版本管控及功能预试等。运维管控系统通过对自动化设备运行数据的采集、分析和存储，实现设备及其网络运行状态的分析、评估、预警以及统计查询等功能，同时为电网风险预警决策和远程运维提供技术手段。

一、系统架构

基于智能变电站"三层两网"架构，依托智能变电站全站 SCD 模型文件构建自动化设备（测控装置、数据通信网关机、监控主机、同步时钟、交换机等）的运维管控模型，利用自动化设备输出的运行状态信息实现智能变电站自动化设备及网络环境的在线实时监视。

系统由部署在调度端的主站和部署在变电站端的子站共同组成。子站完成信息收集、处理、控制、存储等功能，实现就地运维管控。主站与子站通信基于调度数字安全认证双向认证技术，采用通用服务协议。主站获取变电站自动化设备运行的关键信息，实现远程对变电站自动化设备的在线监视、监控信息核对、季测试、远程复归、业务功能预试、缺陷管理、

SCD 文件管控、网络分析预警、运行工况监视、设备状态评价等功能，灵活支持设备信息模型及业务功能扩展，并提供可视化展示。智能站自动化设备运维管控系统架构如图 3-3 所示。

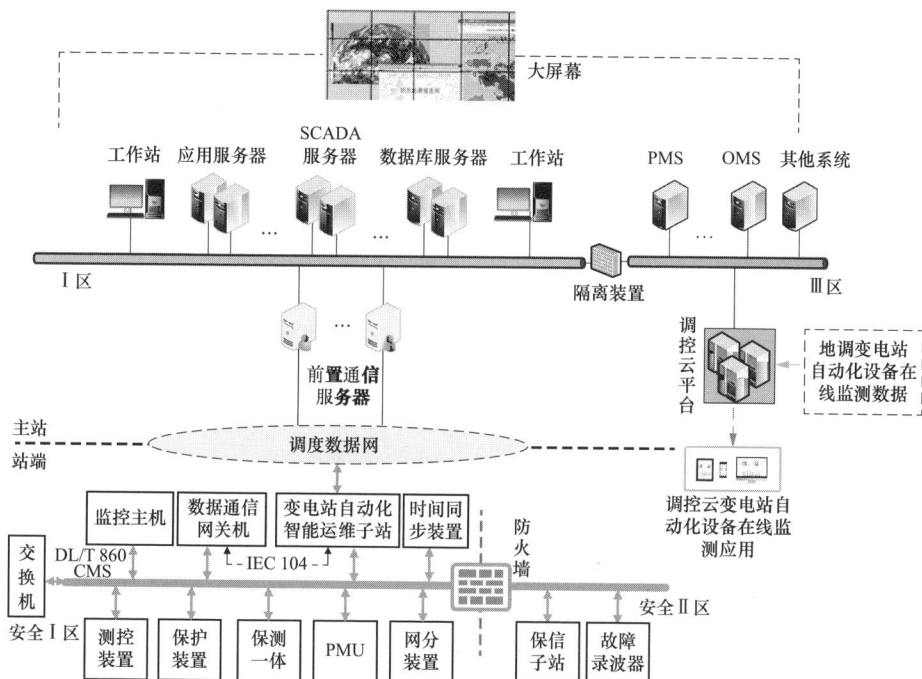

图 3-3　智能站自动化设备运维管控系统架构

子站通过 DL/T 860、SNMP、IEC 104 实现测控装置、数据通信网关机、网络交换机、网分及时间同步装置等站端自动化设备的运行信息采集，通过数据通信网关机 RCD 文件、全站 SCD 模型文件实现建模，利用基于 RCD 文件的扩展 RCD ＿ RT 文件实现数据通信网关机遥测、遥信断面数据采集，使用电力通用服务协议实现与主站信息交互。智能站自动化设备运维管控系统主站数据流架构如图 3-4 所示。

为保证通信的安全性，智能变电站自动化设备运维管控系统主站、子站在数据传输之前进行双向身份认证，只有认证通过后才能进行后续的数据上传。

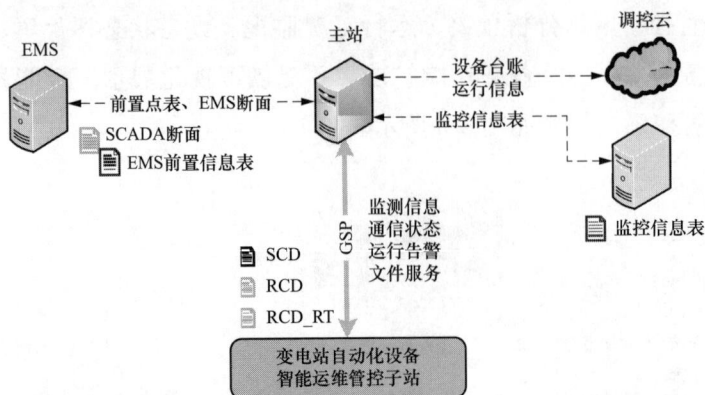

图 3-4　智能站自动化设备运维管控系统主站数据流架构

二、主要功能

自动化设备运维管控系统以解决变电站自动化设备的远程运维与管控为目标，主站主要由基础功能、厂站监视、运维管控、配置管控、巡视预警、分析评价 6 大功能簇构成，并具备报文分析辅助工具，预留与第三方通信的数据接口。系统功能架构如图 3-5 所示。

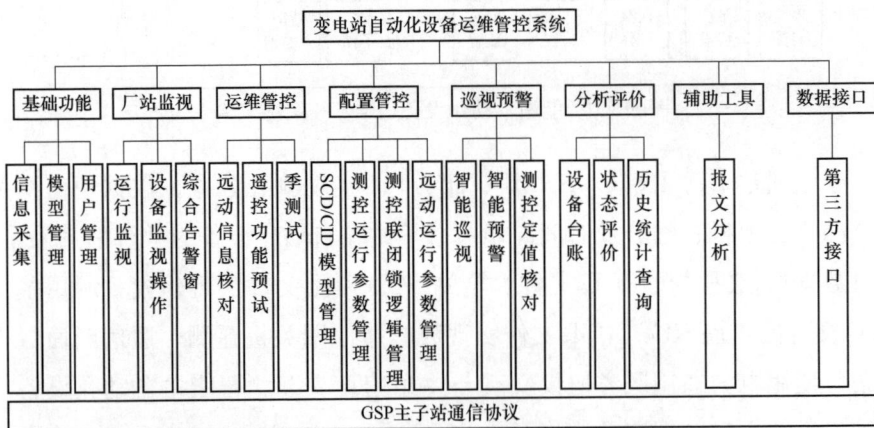

图 3-5　智能站自动化设备运维管控系统功能架构

1. 基础功能

基础功能主要有信息采集、模型管理、用户管理等。信息采集包括数据通信网关机、测控装置、时间同步装置、网络交换机、网络报文记录分析装置、服务器类设备及过程层信息。模型管理遵照 Q/GDW 11627—2016、Q/GDW 10427—2017、Q/GDW 11539—2016、Q/GDW 10429—2017 技术规范，融合自动化设备模型、二次虚回路模型、站控层和过程层网络拓扑模型及一次系统模型，形成运维 SCD。针对自动化专业、检修与运行三类用户，明确用户角色、权限。增加用户密码与调度安全认证关联，保障远方运维操作的安全性。

2. 厂站监视

监视界面分为电网级、地区级、厂站级、设备级四个层级进行展示，通过不同的颜色区分展示不同的健康水平状态。设备操作包括定值参数管理、设备复位、软压板投退等功能。设备远方复位采用直控模式，子站设备和测控装置收到装置复位命令后执行装置复位操作。软压板远方投退采用 SBO 控制模式，测控装置收到命令后执行对应操作。

3. 运维管控

（1）监控信息核对：提供基于监控信息点表远程在线管控的技术手段，实现监控信息表、EMS 前置点表、数据通信网关机 RCD 信息点表、全站 SCD 模型文件的静态信息核对，辅助调度、运维自动核对监控信息点表的一致性，排除人为或者设备异常带来的监控信息点表异常变化的隐患。监控信息表、EMS 前置点表（四遥表）、RCD 信息点表（数据通信网关机信息点表）三者的静态模型点表的核对关键属性如图 3-6 所示。

监控信息表	=	RCD文件	=	前置信息表
信息对象地址(104点号)		序号		厂站ID(站名称)
设备名称(一次设备)		五遥信息点号(104点号)		五遥信息点名称
调控信息描述(五遥)		IEC 61850路径名		五遥信息点号(104点号)
变电站对应信息(五遥)		中文描述(五遥信息点名称)		

图 3-6　信息表关键属性核对示意

主站通过子站召唤获取数据通信网关机 RCD 文件、全站 SCD 文件，由 SCD 文件、RCD 文件、监控信息表和 EMS 前置点表进行分析比对形成以 RCD 为格式，以"［变电站名］＿［通道名］＿［序号］＿ST. rcd"为命名的标准 RCD 文件，将该文件下发到子站，作为子站就地手动和自动周期校核监控信息的标准 RCD 信息文件。数据通信网关机的 RCD 文件包括地调、省调、集控站的 RCD 文件，主站监控信息核对功能按照地调、省调、集控站分别进行校核。

（2）遥控功能预试：遥控功能预试利用遥控指令的"①选择→②反校→③执行→④确认"的操作步骤实现系统遥控功能是否可用的测试，在系统运行过程中测试数据通信网关机至测控装置当前是否可执行遥控命令。辅助调度、检修用户验证站端遥控功能可用性，或辅助检修用户判断调度主站下发遥控操作命令失败的原因。关键做法是在"①选择→②反校"选择令成功后，执行"③取消遥控"的命令，测控装置反馈遥控失败的确认状态。遥控预试的整个过程中由子站记录所有命令的执行过程，形成序列化的报告，预试成功或失败子站均发送告警信息至主站，主站可依据告警查询子站遥控预试的序列化记录报告。主站通过子站召唤数据通信网关机的遥控报文记录文件及日志文件记录查看数据通信网关机执行命令过程和分析交互报文。

（3）数据通信网关机及测控数据季测试：主站通过子站召唤数据通信网关机断面数据，并与主站端 EMS 系统的同一时间的断面数据进行偏差校验，校核两者之间的偏差是否超过限值。主站可以人工或定期自动获取子站上送的数据通信网关机的四遥断面数据文件，用于主站季测试比对校核。辅助调度端周期进行 EMS 系统与站端数据通信网关机、测控装置的实时值核验、偏差限值校验。数据通信网关机断面数据文件 RCD ＿ RT 主要是在RCD 文件的基础上增加了实时数据的信息，数据通信网关机需响应在线召唤 RCD ＿ RT 文件。

4. 配置管控

（1）全站 SCD 及测控 CID、CCD 模型文件管控：与传统人工离线嵌入、迁出、人工确认 SCD 模型方式不同，全站 SCD 及测控 CID、CCD 模型文件管控功能辅助调度、检修用户在线管控 SCD 与 CID、CCD 模型文件，实时监视并校核 SCD 与 CID、CCD 文件一致性、同源性，保证全站 SCD 文件的唯一性，排除由于配置工具、装置模型校验异常及人为原因造成的模型不一致隐患，具体做法如下：

1）系统配置器增加输出测控装置 CID、CCD 文件校验码配置文件（mccd 文件）的功能，运维管控系统存储全站 SCD 模型文件及测控装置 CID、CCD 文件校验码配置文件为全站 SCD 及测控 CID、CCD 模型文件管理功能标准值。

2）全站 SCD 模型双机不一致核对：主站手动从两台监控主机分别召唤全站 SCD 模型文件及测控装置 CID 文件校验码配置文件，校验两台监控主机上送的 SCD 是否一致，不一致时输出监控主机 SCD 模型双套不一致告警，同时存储全站 SCD 模型双机不一致核对历史记录；若核对结果一致，可进一步选择进行单个监控主机的 SCD 模型文件变化校核。

3）全站 SCD 模型文件校核：主站使用从监控主机召唤全站 SCD 模型文件及测控装置 CID、CCD 文件校验码配置文件，校验召唤 SCD 与上一次本地存储的 SCD 是否一致，不一致时输出 SCD 模型变化告警，界面显示校核结果，存储全站 SCD 模型文件校核历史记录。全站 SCD 模型文件校核流程如图 3-7 所示。

4）测控 CID、CCD 模型校核：主站逐个获取测控装置的 CID、CCD 校验码，与测控装置 CID、CCD 文件校验码配置文件（xxx. mccd）比对，实现运行测控 CID、CCD 模型变化校验，校验异常时输出模型异常告警及模型异常运维文件，界面显示校核结果，存储全站 SCD 模型文件校核历史记录。

5）更新 SCD 和测控装置 CID 文件校验码配置文件（xxx. mccd）核对标准值：主站执行全站 SCD 模型文件校核指令后，再执行测控 CID、CCD 模型校核，若比对一致，即存储新获取的 SCD 和测控装置 CID 文件校验码配置文件（xxx. mccd）为核对标准值。不一致时，不更新核对标准值，输出模型异常告警，界面显示校核结果，存储校核历史记录。

（2）数据通信网关机运行参数管理功能：依托四统一、四规范数据通信网关机运行参数定值（gatewaypara.cime）文件，可在线浏览及修改的技术要求，实现数据通信网关机参数在线核对和管控，为调度、检修远程在线监视及管控数据通信网关机运行参数定值提供技术手段，主要做法如下：

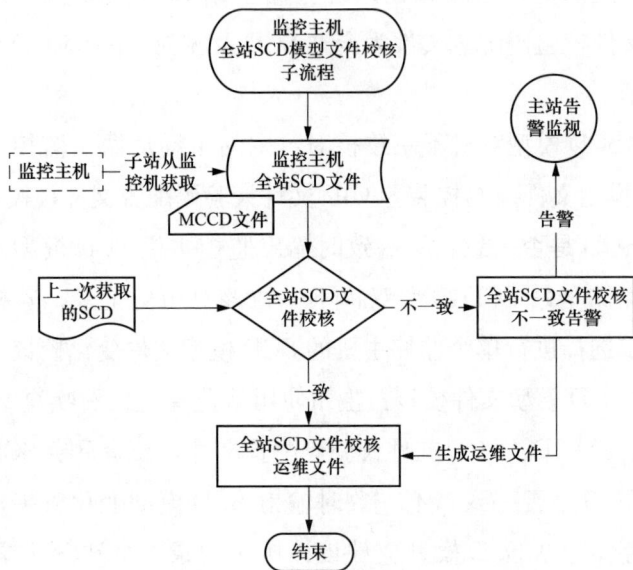

图 3-7　全站 SCD 模型文件校核流程

1）子站手动或周期地从两台数据通信网关机召唤数据通信网关机运行参数定值文件，校核两台数据通信网关机运行参数定值是否一致，校验不一致时输出远动参数双套不一致告警。若核对结果一致，可进一步选择进行单个数据通信网关机的远动参数变化校核。

2）主站手动通过子站从数据通信网关机召唤数据通信文件运行参数定值文件，与存储的参数定值进行比较，校验异常时输出远动参数不一致告警。

3）主站收到子站上送的远动参数不一致告警后，主站主动召唤相应的运维文件，在主站端展示告警信息及相应的运维文件，并进行通信网关机运行参数定值文件召唤与校核操作。

4）运维管控系统利用数据通信网关机运行参数定值（gatewaypara. cime）文件，实现数据通信网关机远程修改运行参数定值功能，包括动态增加数据通信网关机通道、动态增加路由参数、远程修改通信参数等。

（3）测控装置运行参数定值管理功能：依托四统一、四规范测控装置运行参数（formatted _ set. xml）可在线浏览及修改技术要求，实现测控参数在线核对和管控，为调度、检修远程在线监视及管控测控运行参数定值提供技术手段，主要做法如下：

1）子站手动或周期地从测控装置召唤测控装置运行参数、定值文件，实现测控装置运行参数、定值校核，校验异常时输出测控运行参数定值不一致告警及相应运维文件。

2）主站手动通过子站从测控装置召唤测控运行参数定值文件，实现测控运行参数定值校核，校验异常时输出测控运行参数定值不一致告警。

3）主站收到子站上送的测控运行参数定值不一致告警后，主站主动召唤相应的运维文件；在主站端展示告警信息及相应的运维文件，并进行测控运行参数定值文件召唤与校核操作。

4）运维管控系统利用测控装置运行参数定值（formatted _ set. xml）文件，采用 MMS 数据集修改方式实现测控装置远程修改参数功能。

（4）测控装置联闭锁逻辑可视化校核管控：基于智能变电站的全站联闭锁逻辑文件与测控装置联闭锁逻辑文件同源配置的技术条件，实现在线校核全站与测控装置联闭锁逻辑文件的一致性，实现测控装置联闭锁逻辑可视化校核，辅助调度、运维人员在线管控全站及测控装置联闭锁逻辑，排除由于监控后台五防逻辑配置异常、测控装置联闭锁逻辑异常及人为原因造成的联闭锁逻辑配置不一致的隐患，确保全站联闭锁与测控联闭锁逻辑配置的一致性与同源性。主要做法如下：

1）监控后台对全站和单个测控联闭锁逻辑文件进行统一配置，增加输出全站测控联闭锁逻辑文件校验记录文件（xxx. wfcrc）的功能，运维管控系统召唤并存储全站联闭锁逻辑文件及全站测控联闭锁逻辑文件校验码记录文件，并将其作为全站及测控联闭锁逻辑文件校核管理功能的标准值。

联闭锁逻辑管控原理如图 3-8 所示。

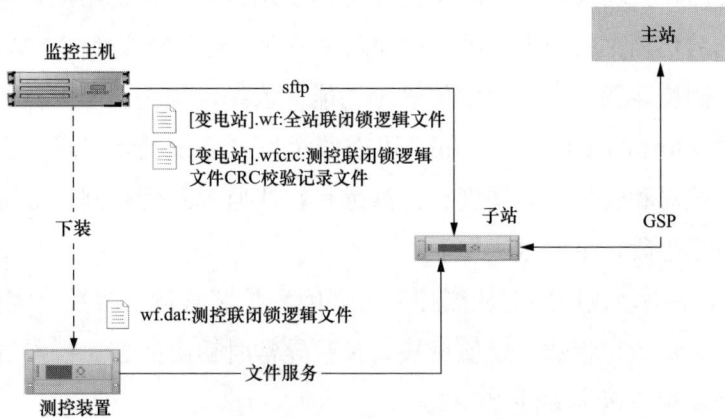

图 3-8　联闭锁逻辑管控原理

2）全站联闭锁文件双机不一致告警：主站手动从两台监控主机分别召唤全站联闭锁逻辑文件及全站测控联闭锁逻辑文件校验码记录文件，校验两台监控主机上送的全站联闭锁逻辑文件是否一致，不一致时输出全站联闭锁文件双机不一致告警，界面显示校核结果，存储全站联闭锁文件双机不一致核对历史记录；若核对结果一致，可进一步选择进行单个监控主机的全站联闭锁逻辑文件校核。

3）全站联闭锁逻辑文件管理：主站利用从监控主机召唤的全站联闭锁逻辑文件及测控联闭锁逻辑文件校验记录文件，校验召唤全站联闭锁逻辑文件与本地存储的标准全站联闭锁逻辑文件是否一致，不一致时输出全站联闭锁逻辑文件变化告警，界面显示校核结果，存储全站联闭锁文件双套不一致核对历史记录，全站测控联闭锁逻辑文件校核流程如图 3-9 所示。

4）测控联闭锁逻辑文件管理：主站获取测控装置的联闭锁逻辑文件并计算校验码，再将计算出的校验码与全站测控联闭锁逻辑文件校验记录文件对应测控联闭锁校验码进行比对，实现测控联闭锁逻辑文件一致性校验，校验异常时输出测控联闭锁逻辑文件异常告警及测控联闭锁逻辑文件异常运维文件，界面显示校核结果，存储测控联闭锁逻辑文件不一致校核历史记录。

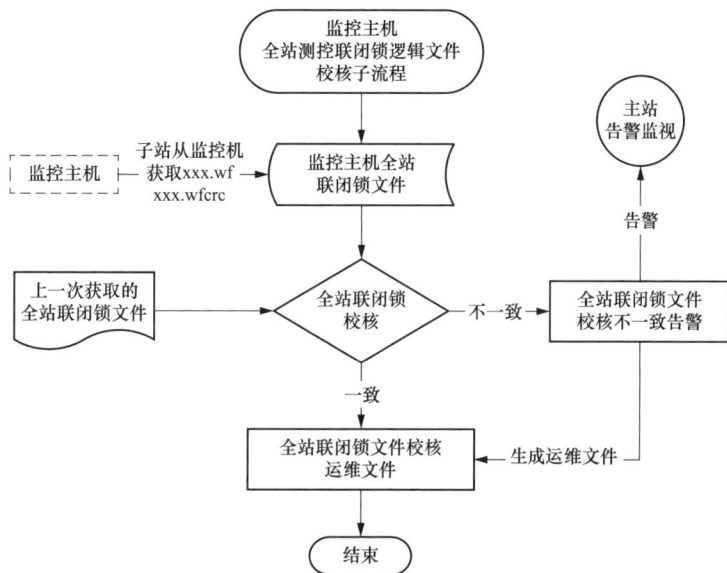

图 3-9 全站测控联闭锁逻辑文件校核流程

5）更新全站联闭锁逻辑文件及全站测控联闭锁逻辑文件校验码记录文件核对标准值：主站执行全站联闭锁逻辑文件校核指令后，再执行全站测控联闭锁逻辑文件校核，若比对一致，即存储新获取的全站联闭锁逻辑文件及全站测控联闭锁逻辑文件校验码记录文件为核对标准值。不一致时，不更新核对标准值，输出模型异常告警，界面显示校核结果并存储校核记录。

5. 智能巡视与预警

智能巡视为调度、运维远程巡视设备提供技术手段，提升设备运行工况实时监视的工作效率，主要实现方案如下：

手动或周期地巡视自动化设备的运行方式、运行工况是否与标准一致，标准为符合当时运行方式的装置定值、压板等设备运行工况信息；异常时产生巡检告警，每次巡视形成巡视报告；子站巡视模块按照巡视策略执行收到或周期设备巡视，一次巡视任务完成后，子站主动上送巡视完成（无异常）或巡视完成（有异常）的告警信息，主站按照收到的巡视告警信息召唤巡视报告。二次设备巡视功能将二次设备的运行管控量值与标准值进行比对，从而判断二次设备的设备运行参数、运行工况状态等是否正确。监控系统设备巡视的内容如表 3-2 所示。

表 3-2 监控系统设备巡视内容

序号	设备名称	巡视项
1	测控装置	其他模拟量、开入量、软压板、硬压板、定值、软件版本、自检告警、对时、电流、电压回路
2	数据通信网关机	其他模拟量、开入量、定值、软件版本、自检告警、对时
3	监控主机	其他模拟量、软件版本、自检告警、对时
4	交换机（站控层）	其他模拟量、开入量、软件版本、自检告警、对时
5	授时装置	其他模拟量、开入量、软件版本、自检告警、对时
6	运维管控子站	通信状态、其他模拟量

自动化设备运维管控子站实时监视装置本体运行工况实现工况预警，达到预警限值和预警判据时触发预警告警并生成预警类运维报告，工况预警包括磁盘、内存、CPU、温度、光强、电源电压、对时状态、遥测变化等。

6. 分析评价

自动化设备运维管控子站对变电站自动化设备的型号、版本、生产厂商等铭牌类、软硬件版本类及设备运行周期类的信息进行管理、统计、查询及报表输出。主站系统综合设备告警状态、量值越限状态的在线实时运行工况对设备进行分析评价。评价结果分为正常、注意、异常及严重四类。

第三节　变电站监控系统应用功能提升

随着智能电网变电站应用的不断深入，为满足变电站日常运维要求，完善一体化监控系统的智能运维技术，在变电站监控系统后台逐步增加了全面巡视、顺控操作票不停电校核、联闭锁不停电校核和一键重命名等高级应用，为变电站的运维、检修等工作提供了有效助力，切实提高了智能变电站二次设备运维效率，提升了变电站一次、二次系统运行状态的管控水平，保障了电网的安全稳定运行。

一、全面巡视

1. 存在的问题

随着电网规模的日益扩大，智能变电站大量投运，变电站无人值守和远方操作模式的推广应用，二次系统运维工作量与日俱增，但缺乏适用高效的运维技术装备，与智能变电站技术发展相适应的运维作业标准和管理体系也未完全建立，再加上部分新技术应用实践经验积累不足，现行的变电站二次系统的运维体系已无法适应智能电网背景下的复杂要求。针对上述困难，全面巡视功能为解决智能变电站二次设备在线监视与分析及运维、检修等面临的一系列问题提供了新的解决方案。

2. 解决方案

全面巡视功能依托智能变电站运维 SCD 模型文件实现智能变电站一次、二次设备运行工况、关键告警等信息的实时巡视。根据运行、检修对全站二次设备的日常巡视与专业巡视要求，采用主动巡视的方式，巡视的范围和项目包括全站二次设备运行工况、一次设备关键告警、通信状态、保护差流、保护装置定值区等，做法如下：

（1）监控后台按照 DL/T 860 技术规范实现设备建模，以 MMS 协议与运维网关机通信。

（2）监控后台部署全面可视化巡视功能，可配置设备巡视范围、装置巡视项、巡视标准值及巡视周期。

（3）监控后台全面巡视模块按照配置的巡视范围、巡视项目、巡视策略、巡视周期对全站二次设备进行巡视，四遥信息可选择监控实时库断面进行校核，定值区需逐个召唤保护装置的运行定值区区号。

（4）监控后台手动或周期执行全面巡视，巡视完成后，将二次设备的运行管控量值与标准值进行比对，从而判断二次设备的设备运行参数、运行工况状态等是否正确。根据判断结果触发巡视异常或巡视正常告警，并形成巡视报告。

（5）运维主站和运维网关机收到监控后台的巡视告警后，分别向监控后台召唤巡视报告，监控后台应响应运维网关机以文件服务方式上送巡视报告，实现巡视报告可视化展示。

（6）可在运维主站和运维网关机手动执行一键巡视的遥控操作，监控后台应响应运维网关机以遥控操作方式执行全站巡视的操作命令。待监控后台完成一键巡视操作后上送巡视告警，实现巡视报告可视化展示。

（7）巡视报告中装置的状态、巡视项量值从监控后台实时获取，巡视报告中装置的状态、巡视项量值与巡视过程监控实时库对应项状态保持一致。全面巡视流程如图 3-10 所示。

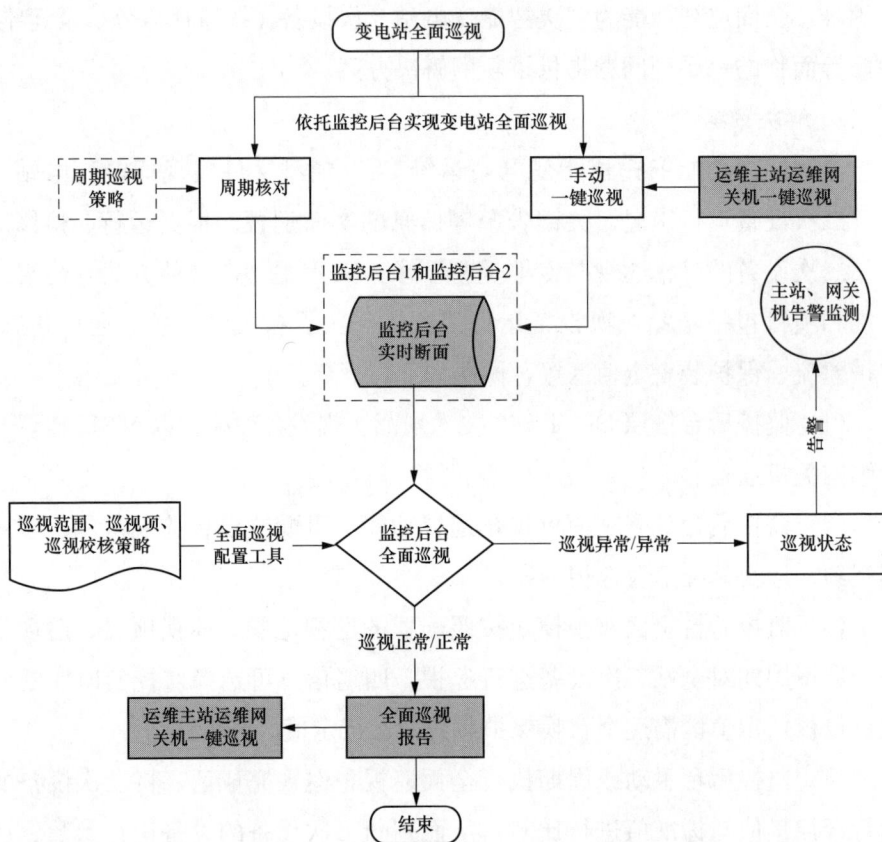

图 3-10　全面巡视流程

3. 应用效果

全面巡视功能的部署，可根据需要实时在现场或远程完成变电站一次、二次设备运行工况巡视，并在变电站现场和调度主站可视化展示巡视结果，提高了工作效率，减轻了运行人员巡检工作量，避免了巡检中的遗漏，提升智能变电站一次、二次设备在线监视与分析水平。

二、一键顺控操作票不停电校验

1. 存在的问题

传统的顺控操作票调试验证通常采用变电站一次设备全部停电或轮停方式对断路器、隔离开关以及二次设备软压板进行实际传动。该方式存在问题包括①停电方式复杂，已投运变电站一般不具备全部停电条件，只有具备停电条件间隔的顺控操作票才有可能被验证；②校核时间过长，采用一次设备轮停方式需要较长时间才能校验完全站的顺控操作票，工作效率低下。

2. 解决方案

监控后台增加顺控操作过程可视化展示及顺控操作票不停电校核功能。顺控不停电校验采用镜像库模拟验证方法，一键顺控主机验票时，在镜像数据库中模拟顺控票执行全流程，既不影响正常运行监视，又可进行防误双校核，提升验票工作效率。采用不停电方式校核时，一键顺控主机向测控装置下发遥控预置命令，通过监视测控装置的遥控预置结果实现匹配返校，验证监控模型和测控通信，提升可靠性。

顺控操作票不停电校核部署在变电站监控后台，操作票校核工具对未校核操作票进行不停电方式校核，校核工具启动时，监控主机根据当前实时数据库断面更新模拟数据库。模拟校核的所有操作（例如条件和规则判断、单步模拟置数等）都在模拟数据库中进行，不改变实时数据库，监控主机可正常监视全站设备状态。不停电方式校核流程如图 3-11 所示。

一键顺控操作票刚编制完成或者修改后是未校核票，未校核票经不停电方式或停电方式校核成功后，其状态变为已校核。变电站一键顺控只允许调用已校核的顺控操作票。一键顺控在调用顺控操作票时判断顺控操作票的校核状态，只有通过实时 CRC 校核的已校核操作票才允许被调用。

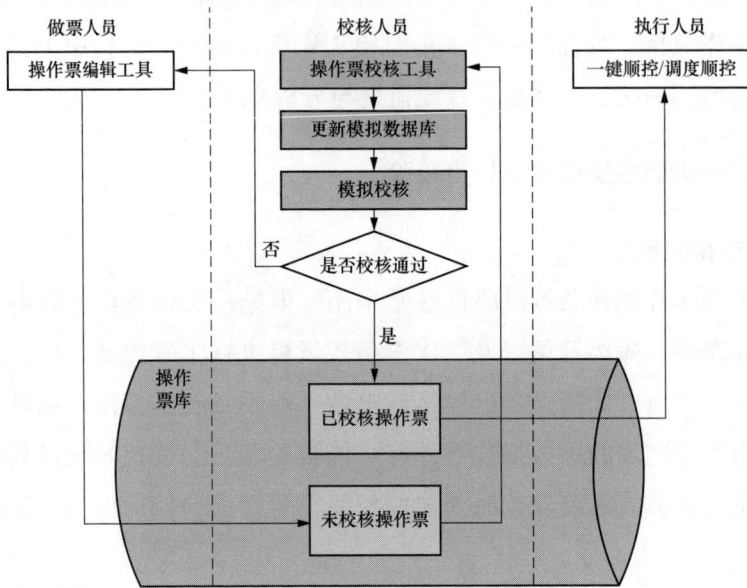

图 3-11　不停电方式校核流程图

（1）校核工具。操作票校核工具界面如图 3-12 所示。

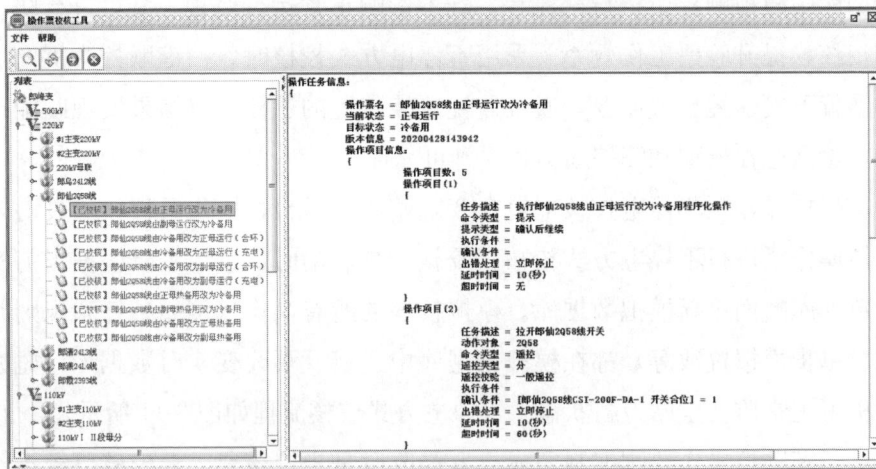

图 3-12　操作票校核工具界面

图 3-12 左侧树形列表区依次按树形层级关系展示变电站、电压等级、间隔和操作票的名称。未校核的操作票在树形列表上在操作票名前显示前缀【未校核】，已校核的操作票在操作票名前显示前缀【校核人姓名已校核】，校核失败的操作票在树形列表上在操作票名前显示前缀【CRC 校核失败】。在树形列表上选中某个操作票后，在右侧展示其内容供校核人员验票，展示内容包括操作任务信息（操作票名、当前状态、目标状态、版本信息）、操作项目信息和闭锁信号信息。不同类型的操作项目展示内容如表 3-3 所示。

表 3-3　　　　　　　　　　　　　　**操作项目展示内容**

操作项目类型	展示内容
遥控	任务描述、动作对象、命令类型、遥控类型（分、合）、遥控校验（一般遥控、检同期、检无压、不检）、执行条件、确认条件、出错处理（立即停止、提示、自动继续）、延时时间、超时时间
软压板切换	任务描述、动作对象、命令类型、动作类型（投入、退出）、执行条件、确认条件、出错处理（立即停止、提示、自动继续）、延时时间、超时时间
提示	任务描述、命令类型、提示类型（确认后继续、确定继续执行或停止执行、画面切换、校核无提示）、执行条件、确认条件、出错处理（立即停止、提示、自动继续）、延时时间、超时时间

（2）模拟校核。不停电模拟校核界面基于现有一键顺控界面进行功能扩展，通过在模拟库中单步模拟置数的方式模拟操作项目执行结果。在不停电模拟校核时，一键顺控发起方为变电站监控主机，和智能防误主机、测控装置交互。模拟校核流程包括生成任务、指令校核和智能防误主机校核，如图 3-13 所示。

操作票模拟校核时，首先根据操作票生成操作任务，若该操作任务要求的当前设备态和操作对象的当前设备态不一致，自动将操作对象置为该操作任务要求的当前状态。操作任务内容可视化展示，展示此操作任务关联的源设备态和目标设备态包含的所有条件，在每个条件最左侧用图元实时显示该条件是否满足，如图 3-14 所示。

生成操作任务后，开始执行校核指令。指令执行时，应采用单步执行方式。每一步操作指令（包括最后一步）执行结束后弹出提示对话框，由校核人员进行检查确认，对每一步操作内容、操作对象、操作结果进行人工判断，确认后再继续执行下一步操作。

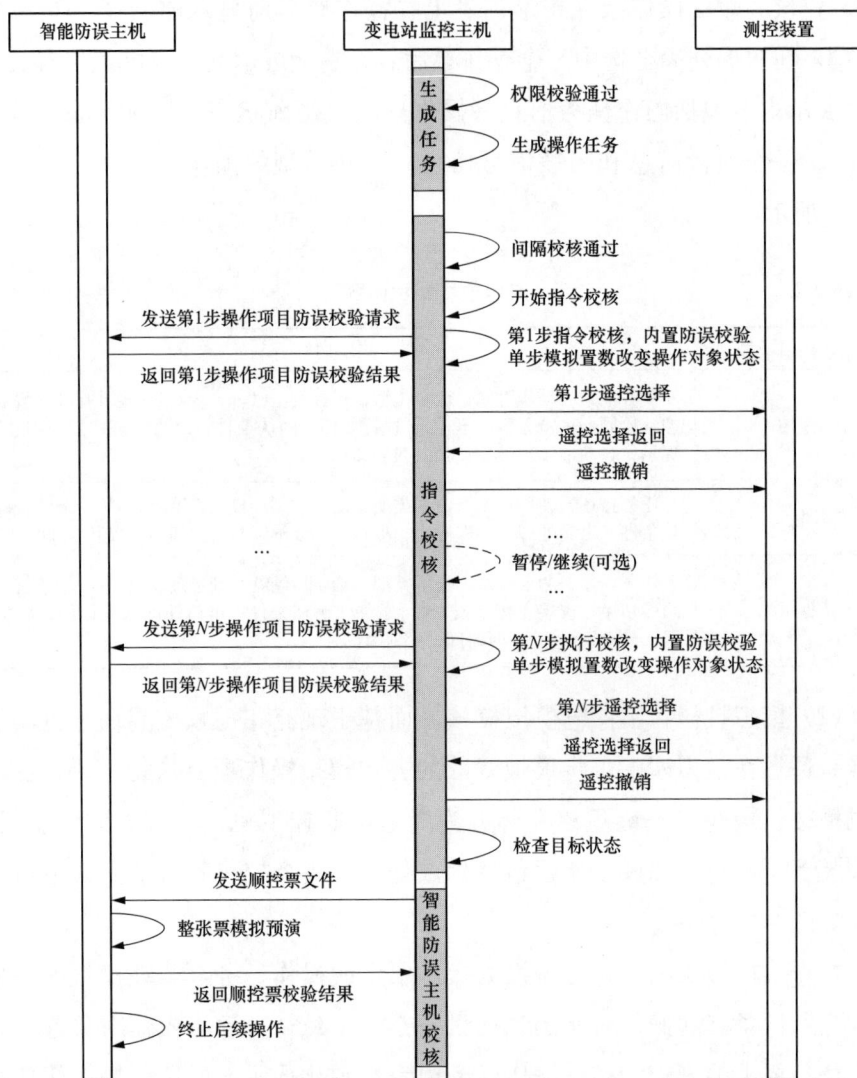

图 3-13　模拟校核流程图

指令执行时，通过一键顺控系统单步模拟置数的方式改变模拟数据库中操作对象的状态。单步模拟置数的范围是操作项目中关联的断路器、隔离开关和软压板，单步模拟置数后的断路器、隔离开关和软压板状态应与一键顺控实际操作时测控装置返回的断路器、隔离开关和软压板状态一致。

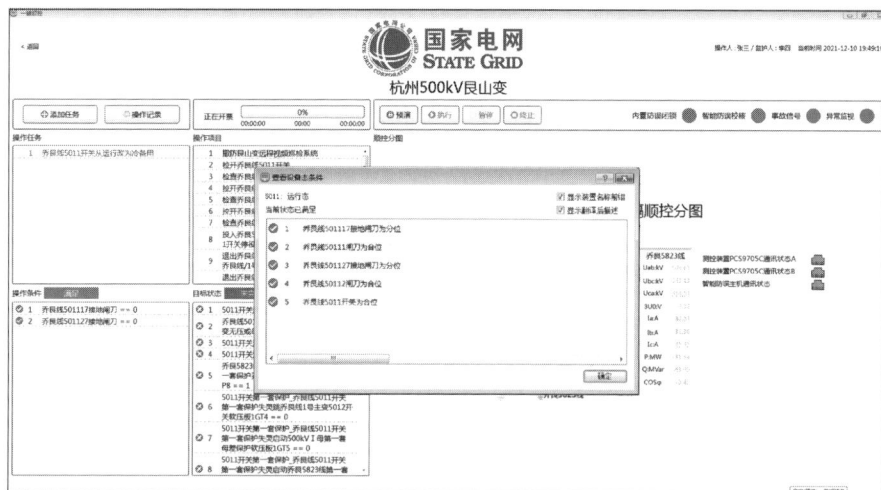

图 3-14　查看源设备态条件

指令执行时，采用双套防误机制校核的原则，一套为监控主机内置的防误逻辑闭锁，另一套为独立智能防误主机的防误逻辑校验。任何一套防误逻辑校验不通过提示错误，并自动暂停操作。单步模拟置数前，若出现顺控闭锁信号判断不满足、全站事故总判断不满足、单步执行前条件判断不满足、单步监控系统内置防误闭锁校验失败时，弹出错误提示对话框，如图 3-15 所示。

指令执行时，顺控分图上展示模拟库中的断路器、隔离开关状态，用闪烁圆圈提示当前正在操作的设备。模拟校核成功后，此操作票被保存为已校核操作票，数据库中记录这张操作票的校核状态、校核时间、校核人、CRC 校验码等信息。

（3）CRC 校核。操作票校核工具可对已校核的操作票进行 CRC 校验码巡视。根据数据库中存储的操作票计算当前操作票内容的 CRC 校验码，与数据库中记录的该操作票 CRC 校验码进行比较，若不一致说明该操作票已被修改，则将该操作的校核状态修改为校核失败。模拟校核成功后生成校核记录文件，包括校核人员信息和全部操作项目校核信息。

图 3-15　内置防误逻辑闭锁校验失败示意图

停电方式校核同样可以利用操作票校核工具进行顺控操作票校核，停电校核时，一键顺控程序调用未校核和校核失败操作票，采用单步执行方式，操作票执行成功后自动保存为已校核票。

3. 应用效果

在运变电站进行一键顺控改造时可采用不停电方式校核操作票库，新建变电站可采用停电方式校核操作票库。顺控不停电校核改进了传统的顺控操作票校核方式，克服了现有顺控操作票校核方案中必须对一次设备全部停电或轮停的弱点。通过一键顺控自动置数方式对顺控操作票进行模拟校核，解决了传统校核方式不具备停电验票条件、校核所需时间过长的问题，缩短顺控操作票校核周期，提高变电站运维工作效率。

三、联闭锁可视化展示及验证

1. 存在的问题

变电站监控系统具备联闭锁防误功能，由监控主机和间隔层测控装置实现。新建变电站各间隔投运前需经过联闭锁逻辑的校验，存在校验时间长，工作效率低的问题。已投运变电站改扩建间隔联闭锁逻辑校验时，一般不具备全部停电条件，在一次设备非全停的条件下进行联闭锁逻辑校验存在很大安全风险。另外监控系统联闭锁逻辑文件的描述包括符号字典和操作规则两部分，语义复杂，不利于联闭锁逻辑的查看和校核。

2. 解决方案

监控后台增加联闭锁逻辑可视化展示及不停电校核功能。通过加载联闭锁规则文件，生成联闭锁逻辑树，将联闭锁逻辑关系转换为可视化展示的拓扑连接关系，并对防误规则所涉及一次设备进行模拟置位，以实现联闭锁逻辑的不停电校验。

联闭锁逻辑校验可视化展示的联闭锁逻辑关系从监控后台的联闭锁文件实时获取，也支持从测控装置获取联闭锁逻辑文件，测控装置联闭锁文件应与监控后台联闭锁文件保持一致。联闭锁逻辑验证时，展示的联闭锁状态应采用实时数据进行逻辑计算和展示，展示画面中的设备描述应直接引用数据库对应描述。联闭锁逻辑的校验采用模拟库，不影响实时监控。进入校验界面获取实时库数据断面后，实时库不应同步模拟库。装置通信中断、检修及一次设备处于不确定状态时，对应的联闭锁逻辑判定为条件不满足。

（1）联闭锁逻辑可视化展示。一次设备联闭锁逻辑可视化展示以监控画面接线图一次设备作为入口，进入联闭锁逻辑可视化界面后，展示内容包含当前一次设备目标状态的联闭锁逻辑规则条件、实时状态及实时逻辑结果。展示窗默认展示当前设备的目标状态防误闭锁逻辑。

与条件使用逻辑与门矩形符号"&"表示，或条件使用逻辑或门矩形符号"≥1"表示，逻辑门符号右侧为逻辑计算结果连接线和设备联闭锁逻辑的操作行为描述。模拟量逻辑条件可将逻辑条件中对应一次设备分位或合位的描述替换为的模拟量计算逻辑符号和逻辑计算设定的数值。正母闸刀合操作规则逻辑校验示例如图 3-16 所示。

（2）联闭锁逻辑校验。联闭锁逻辑校验工具调用时应进行用户权限验证。具备权限的用户才允许进入全站联闭锁逻辑可视化展示与模拟验证界面。联闭锁逻辑校验工具界面分为树形列表区、可视化逻辑图区、状态模拟区三部分。模拟置位参与联闭锁逻辑条件校验，模拟置位时不影响实时状态，退出模拟校验后自动复位所有置位状态。联闭锁逻辑规则修改后应同步更新全站联闭锁逻辑文件，并下装最新联闭锁逻辑文件至相应测控装置。联闭锁逻辑模拟校验示例如图 3-17 所示。

图 3-16　正母闸刀合操作规则逻辑校验满足示例

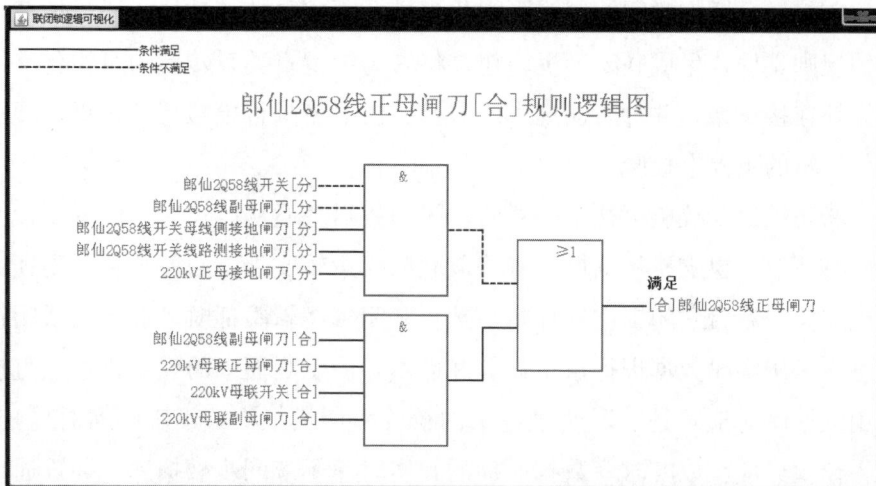

图 3-17　联闭锁逻辑模拟校验示例

3. 应用效果

变电站监控系统联闭锁逻辑可视化功能能够直观反映变电站操作对象的联闭锁全部条件与实时状态以及对应的逻辑计算结果，使原有语义复杂的联闭锁逻辑能够让运维人员看得懂、认得清。基于实时断面的联闭锁逻辑模拟校验手段克服了传统方式需要多次模拟一次设备状态的弊端，提高了工作效率，降低了安全风险，真正有效地解决了长期困扰运维人员现场联闭锁逻辑验证难题。

四、一键重命名

1. 存在的问题

变电站监控系统修改间隔名称是变电站日常维护中一项常见的工作，命名修改涉及数据库、一次接线图画面、一体化五防、操作票、报表等。由于变电站监控系统的制造厂商多，不同监控系统结构差异性大，操作步骤繁杂不一，使得现场检修维护人员难以掌握，人工修改将耗费大量的工作量，且容易出现错改、漏改的情况，影响监控系统安全运行。

2. 解决方案

监控系统重命名涉及监控系统后台、数据通信网关机及测控装置等工程模型及参数配置的协同修改。监控系统后台包括监控数据库、图形文件、顺控操作票及组态、一体化五防、联闭锁逻辑文件、报表、告警直传、远程浏览文件；数据通信网关机包括数据库、RCD 文件；监控系统工程模型包括全站 SCD 文件、测控装置 CID 和 CCD 文件、校验码描述文件 MCCD。

一键重命名从模型及设备关联性出发，通过装置模型及描述的映射关系进行信息同步及替换。一键重命名工具自动进行工程模型及参数配置的流程化管控，实现间隔名称、调度命名及信息描述序列化改名，确保设备重命名操作完整性和准确性。

一键重命名以监控数据库作为修改源头，同步全站 SCD 文件。通过串行序列方式进行其他工程模型及参数配置的修改，一处修改，全局自动同步。序列化改名过程中每步给出操作提示，经人工确认后方可进行后续操作。重命名字符匹配采用全字符精准匹配方式，命名修改完成后，生成完整的修改记录及日志文件。为保证安全性，重命名工具启动后强制进行整个监控后台备份，备份的文件应打时间戳。退出一键重命名工具时，也应进行备份。智能变电站监控系统间隔一键重命名业务流程如图 3-18 所示。

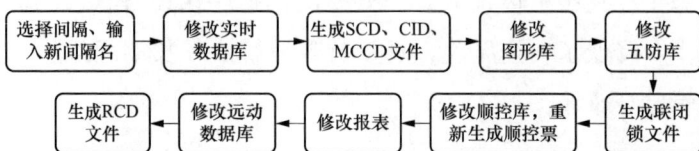

图 3-18　智能变电站监控系统间隔一键重命名业务流程

在一键重命名过程中，每进行一个步骤均应根据监控系统的校验规则，验证该步骤操作的正确性，当操作结果不满足规则要求时实时告警。为避免自动操作时出现问题，可采用手动下装 CID 文件、联闭锁逻辑文件等。一键重命名相关操作界面如图 3-19 所示。

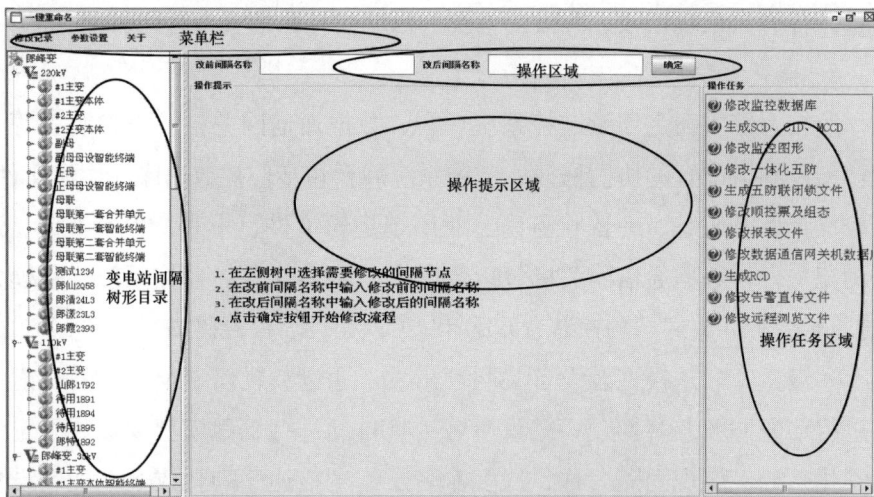

图 3-19　一键重命名相关操作

（1）初始化界面。一键重命名工具在监控后台设置启动入口，启动时进行用户权限验证，具备权限的用户才允许进入一键重命名工具。工具界面具备菜单栏、变电站间隔树形目录、操作区域、操作提示区域、操作任务区域。变电站间隔树形目录按树形结构展示变电站、电压等级、间隔和装置的描述。操作区域由改前间隔名称文本编辑框、改后间隔名称文本编辑框和确定按钮组成。操作提示区域显示当前任务的预览替换结果或者提示信息。操作任务区域显示当前任务进度和状态。

（2）监控数据库修改。监控数据库中修改的内容包括间隔名称、设备名称、五遥等信息引用名称；数据库修改内容具备修改结果的预览功能。修改监控数据库预览结果如图 3-20 所示。

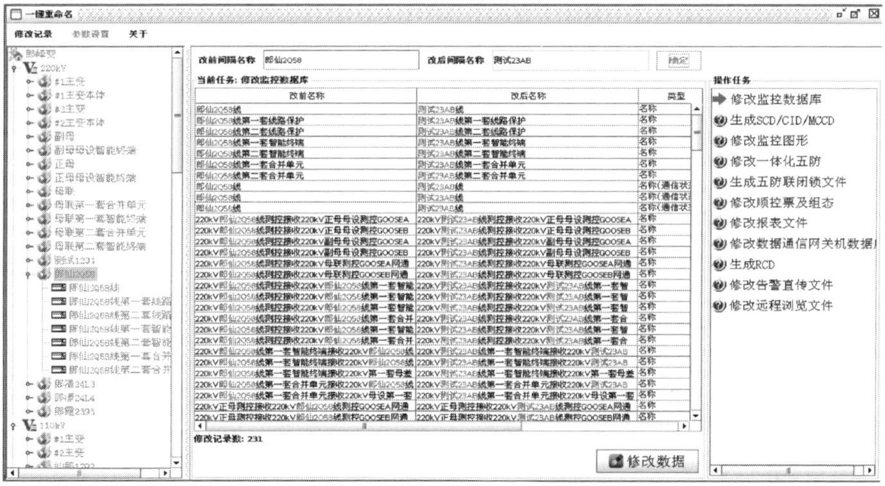

图 3-20　修改监控数据库预览结果

（3）SCD、CID、MCCD 更新。SCD 根据监控实时库数据的修改进行更新，根据更新后的 SCD 文件重新生成 CID、CCD、MCCD 等文件。CID、CCD、MCCD 等文件的下装应在序列化流程中经人工确认方式进行操作。CID、CCD 生成成功后下装界面如图 3-21 所示。

（4）图形文件修改。图形文件修改的内容有图形文件名称、图形文件中具备字符显示功能的图形元素，包括文本标签、功能按钮、动态数据标记、光字牌等；图形文件中根据图形名称、间隔名称等参数进行关联的图形元素，如图形跳转按钮中关联的跳转图形名称等，图形文件修改内容具备修改结果的预览功能。

图 3-21　CID、CCD 生成成功下装界面

（5）一体化五防文件修改。根据监控后台数据库一体化五防文件修改的内容包括间隔名称、设备名称、测点名称、典型操作票，文件修改内容具备修改结果的预览功能。

（6）联闭锁文件更新。根据监控数据库重新生成联闭锁文件。联闭锁文件的下装在序列化流程中经人工确认方式进行操作。

（7）顺控操作票及组态更新。顺控操作票及组态更新的内容包括间隔名称、设备态条件名称、操作票名称、操作项描述、顺控间隔分图名称、顺控操作项的执行前后条件描述。一键改名后更新的顺控票置为"未校核"状态，需重新进行校核。

（8）报表文件更新。报表文件更新的内容包括报表文件名称、报表内容信息，报表文件修改内容具备修改结果预览功能。

（9）数据通信网关机数据库更新。数据通信网关机数据库更新的内容包括装置描述、接入遥信、遥测、遥控、遥调等信息引用名称、转发遥信、遥测、遥控、遥调等信息引用名称、合并点描述、RCD 文件，数据通信网关机数据库修改内容具备修改结果的预览功能。根据更新后的数据通信网关机数据库重新生成 RCD 文件。数据库和 RCD 文件的下装在序列化流程中经人工确认方式进行操作，如图 3-22 所示。

图 3-22　RCD 文件生成成功后进行下装界面

3. 应用效果

变电站间隔重命名一键化处理，切实简化了操作步骤，降低了操作难度，极大地方便了运维人员日常维护工作，提高了运维效率。同时避免了间隔信息改名不完全，误改链接引起误操作等安全隐患的发生。重命名过程中涉及到联闭锁逻辑文件和顺控操作票设备名称的修改，其正确性验证可采用联闭锁逻辑可视化展示校验和一键顺控操作票不停电验证方法。

第四节　变电站边缘智能网关

目前变电站自动化各业务系统为定制化开发，业务功能扩展不灵活。系统整体方案设计按照确定的业务需求进行功能规划、规约设计，当需要扩展、增加新的业务功能或接入新的业务数据时，往往需要同时修改功能软件、传输规约，开发周期长，且修改后的影响难以直观评估，调试验证工作量大，部署效率低。另一方面，站端数据就地应用水平不足，智能化程度不高。大部分业务数据采用主站集中处理模式，应用功能未下沉至变电站端边缘侧，原始数据的上送占用了大量的带宽及主站软硬件资源，同时各业务系统之间相对封闭独立，缺乏统一、灵活的交互机制，无法实现跨业务系统的协同应用。

在变电站自动化领域内，引入边缘计算、虚拟化等互联网新技术，构建应用便捷扩展、功能灵活部署、平台开放共享的变电站边缘智能网关平台，实现变电站设备异构信息的充分采集及边缘就地处理，可有效解决业务数据采集不全面、业务功能扩展不灵活、应用智能化程度不高的问题，创新变电站业务云边协同新模式，强化变电站自动化设备可观测、可分析、可控制的能力。

一、系统结构

边缘智能网关管理系统由部署在多个变电站内的边缘智能网关和部署在远方的边缘智能网关管理主站构成。边缘智能网关系统结构如图 3-23 所示。

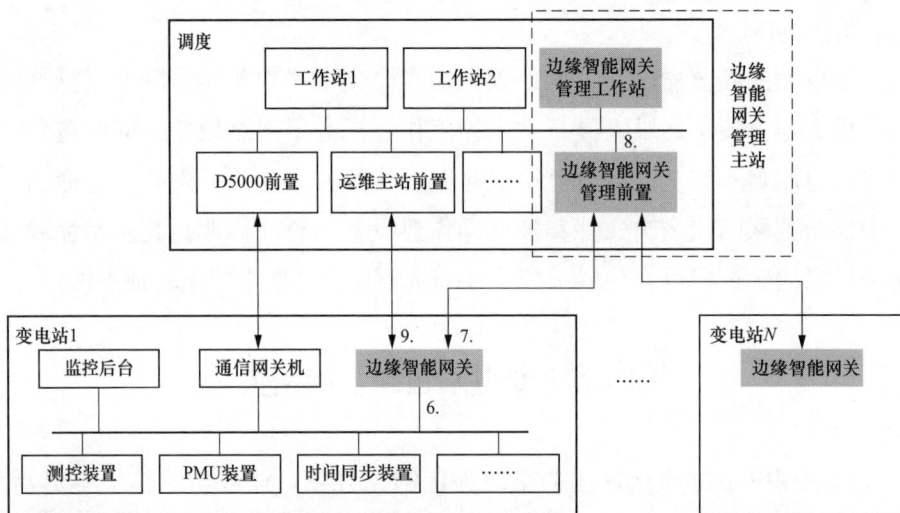

图 3-23　边缘智能网关系统结构

二、变电站边缘智能网关

变电站边缘智能网关为变电站站控层设备，具备丰富的网口、串口等硬件接口资源、按业务编排需求与站内二次设备、传感器通信，实现设备连接、数据采集、数据处理、数据发布等边缘计算功能。

变电站边缘智能网关采用微服务化 App 构架，基于容器化技术，构建了一个开放共享、安全隔离、便捷扩展的业务平台，主要由核心处理层、驱动 App 层、服务 App 层、人机界面等部分组成。边缘智能网关软件架构如图 3-24 所示。

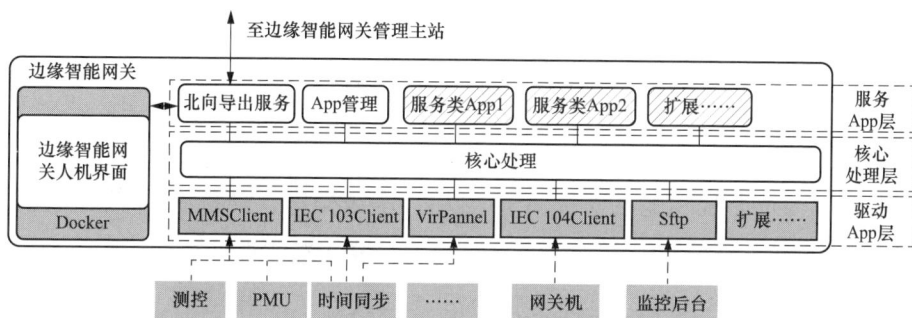

图 3-24　边缘智能网关软件架构

核心处理层提供配置管理、数据存储、数据分发、命令路由等通用服务功能，南向与驱动 App 层交互，北向与服务 App 层交互，按照 App 场景编排实现将各类 App 的数据交互、业务协同。

驱动 App 层由多个驱动 App 构成，用于实现边缘智能网关的南向设备接入交互能力的扩展。所有驱动 App 均基于边缘智能网关厂商提供的驱动 SDK 开发，通过 App 应用商店上架和部署，均可按需安装、卸载和升级。

服务 App 层由多个服务 App 构成，用于基于边缘智能网关平台数据实现边缘计算能力的扩展。所有驱动 App 均基于边缘智能网关厂商提供的服务 SDK 开发，通过 App 应用商店上架和部署。除 App 管理服务、北向导出服务等用于支撑边缘智能网关运行和管理的基本服务 App 仅支持升级外，其他服务类 App 均可按需安装、卸载、升级。

人机界面提供边缘智能网关的就地人机交互功能，实现边缘智能网关的就地监控、配置及业务展示。

变电站边缘智能网关作为厂站端开放的数据业务平台，接受边缘智能网关管理主站的远程集中管理，实现设备接入、状态监视、App 编排部署等功能。此外，边缘智能网关为各类已部署安装的 App 提供运行环境及业务数据交互接口，支持各类边缘计算业务，其主要功能如下：

（1）权限管理功能，支持角色、人员、权限等定义功能，支持基于不同角色的权限管理机制。

（2）参数管理功能，支持网卡参数、主站通信参数的配置，具备证书生成、证书导入功能。

（3）App 编排功能，支持 App 安装、卸载、升级，参数配置、资源配额等功能。

（4）App 监控功能，支持 App 启动、停运操作，具备 App 数据监视、CPU 使用率、内存使用率、存储空间使用率等状态监视。

（5）App 安全可信功能，支持 App 镜像可信、编排可信、业务可信三级安全可信机制，保证 App 业务安全。

（6）具备与边缘智能网关管理主站通信功能，接收边缘智能网关管理主站的远程管理，并为主站界面类 App 提供各类业务数据访问服务。

三、边缘智能网关管理主站

边缘智能网关管理主站由边缘智能网关管理工作站和边缘智能网关管理前置两部分组成，管理工作站提供人机界面，实现对变电站边缘智能网关、App 应用商店的集中管理；边缘智能网关管理前置既为管理工作站访问边缘智能网关提供通信代理功能，也提供 App 应用下载服务功能。

边缘智能网关管理主站软件采用模块化构架，边缘智能网关管理前置由网关管理、应用商店、服务代理、用户管理等模块构成。边缘智能网关管理工作站由用户管理、应用商店、网关管理、网关监视等基础功能模块和多个界面类 App 构成。边缘网关管理主站构架如图 3-25 所示。

边缘智能网关管理主站主要功能如下：

（1）权限管理功能：支持角色、人员、权限等定义功能，支持基于不同角色的权限管理机制。

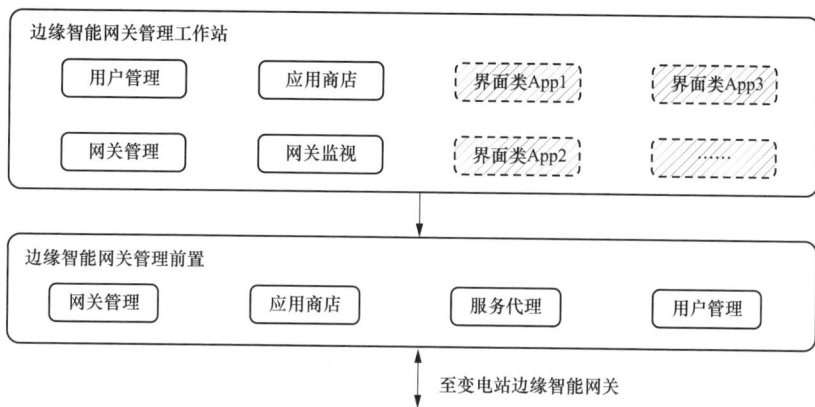

图 3-25　边缘网关管理主站构架

（2）参数管理功能：支持网卡参数、通信参数的配置，具备证书生成、证书导入功能。

（3）变电站边缘智能网关接入管理功能，支持厂站一键接入、批量厂站接入。

（4）App 上架、下架功能，支持 App 上架审核，支持 App 灰度发布、升级推送。

（5）App 编排功能，支持 App 安装、卸载、升级，参数配置、资源配额等功能。

（6）App 监控功能，支持 App 启动、停运操作，具备 App 数据监视、CPU 使用率、内存使用率、存储空间使用率等状态监视。

（7）App 安全可信功能，支持 App 镜像可信、编排可信，保证 App 业务安全。

四、典型应用

1. 二次设备虚拟液晶

针对二次设备的远程运维需求，基于边缘智能网关架构开发二次设备虚拟液晶 App，将测控装置等变电站二次设备的液晶画面、指示灯状态、键盘交互等功能进行虚拟化映射。App 部署在边缘智能网关后，可以将二次设备的液晶画面、指示灯状态等实时传输至边缘智能网关管理主站，并将管理主站的虚拟键盘操作转发至二次设备，从而实现远程和就地的同质化运维。通过虚拟液晶 App，运维人员可以远程开展运行状态监视、数据信息核对、参数定值修改等操作，其操作效果与就地操作完全一致。

虚拟液晶业务所需的 App 从应用商店下载后，在边缘智能网关上安装虚拟液晶驱动 App，用于与目标二次设备建立通信、生成液晶画面视频流，并响应人机界面的远程操作；在边缘智能网关管理主站工作站上安装虚拟液晶界面 App，用来提供虚拟液晶实时画面及虚拟按键操作界面。虚拟液晶功能示意图如图 3-26 所示。

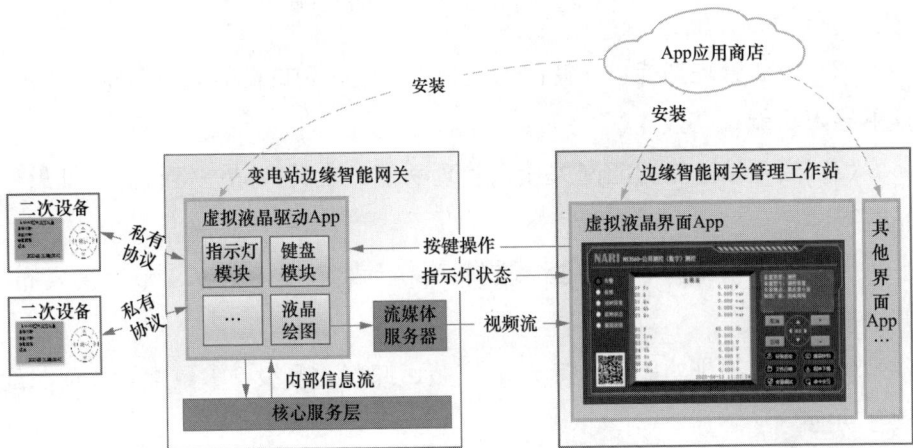

图 3-26　虚拟液晶功能示意图

虚拟液晶 App 可以同时接入多个不同型号的目标二次设备，根据设备型号的不同需要配置相应的通信参数、液晶信息、状态灯信息和按键信息。管理主站通过视频流实时查看设备液晶画面，达到与变电站设备实时联动的目的。绘图引擎通过私有规约与二次设备进行通信，通常由设备厂商进行开发。当绘图引擎收到绘图指令时，检查与流媒体服务器是否建立连接，如果已建立则按图层进行绘画，生成单帧图片，然后进行 H264 编码，最后向流媒体服务器推送码流。液晶画面传输示意图如图 3-27 所示。

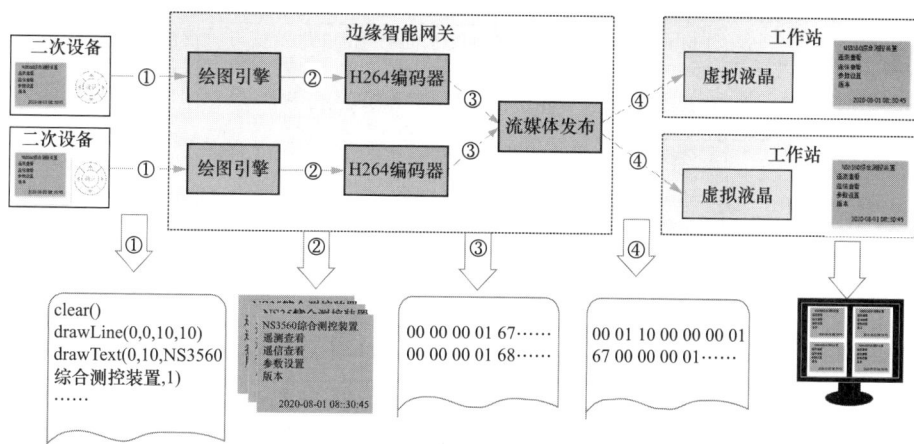

图 3-27　液晶画面传输示意图

　　虚拟液晶 App 中的状态灯模块负责处理 LED 状态灯相关的数据，目标二次设备会周期性或变化触发上送 LED 灯状态，边缘网关收到状态灯信息时更新内存中相关数据值，管理主站会定时调用状态灯接口，获取最新的 LED 灯状态值并显示到主站交互界面。运维人员在管理主站通过 LED 灯状态，可实时查看装置的运行、告警、故障等信息，快速掌握装置整体运行工况。

　　虚拟液晶 App 中的按键处理模块接收到主站发送的按键操作时，会解析出请求中的按键值，组装成按键报文转发给目标二次设备，目标设备响应按键操作，响应延时大约在 1s 左右，用户交互体验良好。

　　2. 二次设备一键巡视

　　基于边缘智能网关架构的变电站二次设备一键巡视 App，具备巡视命令多终端响应、巡视报告多途径转发和巡视结果智能分析等典型外特性。在边缘智能网关设计架构下，二次设备一键巡视 App 能够灵活设定配置参数，引入关心的控制对象资源，声明自身可以提供的接口和服务。不仅具备与网关机显示 HMI 进行信息交互，还可借助边缘智能网关核心处理层衔接的协议栈驱动 App，与站内监控后台和管理主站通信，还可以调用其他独立 App 进行协同信息处理。一键巡视如图 3-28 所示。

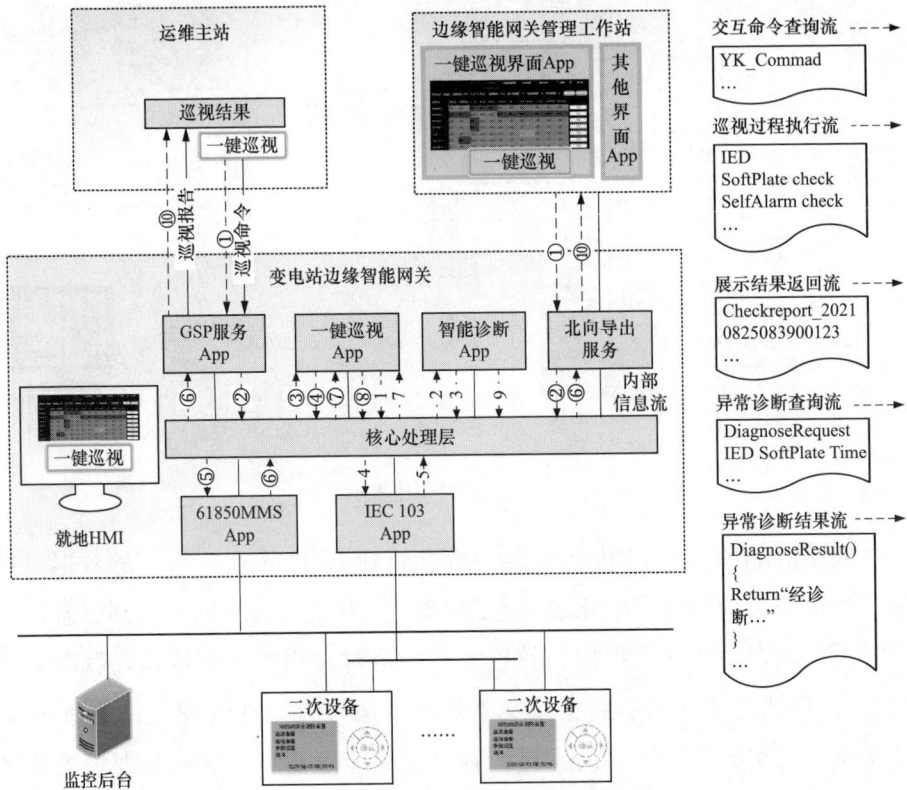

图 3-28　一键巡视 App 结构图

二次设备一键巡视 App 首先在配置 profile 文件中，声明控制对象为监控后台和管理主站，需求资源包括巡视命令遥控节点、巡视结果遥信状态和巡视报告文件，另一种类型的控制对象为智能诊断 App，需求资源为异常智能诊断分析服务。声明本 App 可控资源为一键巡视遥控节点、巡视结果遥信状态、巡视报告文件和智能诊断查询服务等。

边缘智能网关核心处理层依据一键巡视 App 配置 profile 文件，对资源进行高效管理和分配。传统运维主站与运维子站结合的巡视功能在该 App 中得以兼容实现。具体流程是运维主站下发巡视命令，边缘智能网关核心处理层调用 GSP 服务 App 进行解析，转发到一键巡视 App 处理。一键巡视 App 接收到巡视命令，则向核心处理层要求转发。核心处理层调用 MMS 驱动 App 对监控后台下发巡视命令，获取巡视结果和巡视报告文件后，再转发给一键巡视 App。一键巡视 App 通过核心服务层调用 GSP 服务 App，返回结果到运维主站。

与传统运维主站与子站方式不同的是，一键巡视 App 对于命令的响应和结果的分发更具有多样性，可以响应本地 HMI 和边缘智能网关管理工作站的巡视命令，也同样具有将结果相应返回的功能。

一键巡视 App 可以协同其他 App 提供可扩展的先进功能。比如对巡视异常项的智能诊断，可以联合边缘智能网关内的智能诊断 App 进行分析。当一键巡视 App 需要调用智能诊断功能时，只需要根据巡视报告中的具体异常，提供发生异常的装置、异常类型以及发生时间等信息，由边缘智能网关核心处理层整合转发。智能诊断 App 接收入口参数，通过核心处理层调用 IEC 103 驱动 App 收集目标装置诊断依赖变量数据集，进行逻辑判断，再经过核心处理层返回处理分析结果。

综上而言，一键巡视 App 这一典型应用，在边缘智能网关设计架构中充分体现了可扩展、便升级、好协同的开放思想，能切实给用户带来全新的使用体验，可以减轻运维工作量，提高工作效率。

第四章

智能变电站自动化技术发展趋势

第一节 自主可控设备

"碳达峰、碳中和"目标的提出，使构建以新能源为主体的新型电力系统的需求更加迫切。以新能源为主体的新型电力系统承载着能源转型的历史使命，是清洁低碳、安全高效能源体系的重要组成部分，安全可控是其基本特征之一。

从 2009 年智能变电站开始建设至今，国家电网公司范围内智能变电站已达 6000 余座，我国的智能变电站建设总体上处于国际领先地位。现阶段变电站自动化设备广泛采用了平台化和模块化开发模式，大量应用高性能处理器、数字信号处理芯片、高速数据采集系统、嵌入式实时操作系统、可编程逻辑器件、现场可编程门阵列等先进技术。但变电站自动化设备97.6%以上的核心芯片依赖进口，需求量巨大，一旦发生供应链断裂，我国变电站的整体技术优势将不复存在，并对整个电力系统造成重大影响。然而半导体制造业和基础软件的短板导致变电站自动化设备始终面临被"卡脖子"的风险。国内二次设备厂商虽然备有一定数量的芯片，但无法从根本上解决问题，自主可控国产芯片的应用是自动化设备发展的必然趋势。

为防范电网运行风险，做好极端情况下的应对措施，增强电网安全自主可控能力，实现关键核心技术自主可控，2019 年 7 月国家电力调度控制中心组织制定了电网二次系统设备风险防控工作计划。国内各主流二次设备厂商开始启动自主可控变电站自动化设备研发工作，主要包括监控后主机、数据通信网关机、测控装置、同步相量测量装置、时间同步装置等自动化设备，经过大量调研分析，同年 10 月各厂家完成了设备的整体方案设计和硬件选型工作。

2019 年 12 月，国电南瑞科技股份有限公司自主研发的首套国产自主化变电站自动化监控系统首次在国家电网江苏省 220kV 亭林变电站顺利投入试运行。此后各单类自主可控自动化设备陆续在国内变电站挂网试点运行。2020 年 6 月，浙江第一座全面自主可控变电站：金华 110kV 丽州变电站顺利投运。目前自主可控设备已由初期单类装置挂网试点阶段转向系统级推广试点应用阶段。

本章将从变电站关键设备软硬件技术发展现状、关键设备自主可控技术及技术发展趋势等多个方面详细介绍变电站自主可控自动化设备。

一、国产芯片及操作系统现状

1. 国产芯片技术发展现状

（1）处理器芯片。

中央处理器（Central Processing Unit，CPU）是计算机的主要设备之一，是嵌入式系统中的核心配件，其功能主要是解释计算机指令、处理计算机软件中的数据。在架构上，CPU 主要分为 ARM、MIPS、SPARC、PowerPC、Alpha 等六种。在指令集上，主要有复杂指令集、精简指令集两种。我国处理器芯片虽然技术水平距国际主流厂家有较大差距，但基本上已跨越了可用到商用的阶段，能够支撑具体的数据处理、传输、通信等应用。

（2）数字信号处理芯片。数字信号处理器（Digital Signal Processing，DSP）是一种专门的微处理器（或 SIP 块），其体系结构针对数字信号处理的操作需要进行了优化。DSP 的目标通常是测量、过滤或压缩连续的真实模拟信号。国内已有数字信号处理器面世，但处理器的主频仅达到 100MHz，与目前装置中使用的进口芯片的主频（400MHz）差距较大，故目前国内尚无面向商业市场且满足变电站自动化设备整体性能要求的自主可控 DSP 可用。

（3）存储芯片。电力二次设备常用的存储芯片主要包括 DRAM、NAND FLASH 和 NOR FLASH。国产 FLASH 厂家相对起步较晚，技术水平、生产工艺相对于国外主流厂家有较大差距，主要面向消费类市场。国内主流 NOR FLASH 容量 2～512Mb，尚无并口产品；国产 NAND FLASH 芯片种类较少，工业级芯片最大容量仅为 2Gb，没有硬件 ECC 功能，数据校验需要 CPU 参与；国产 DRAM 主流为 DDR3 类型，最高频率

933MHz，单芯片最大容量 512Mb，尚未在工业领域批量使用。

（4）现场可编程门阵列。现场可编程门阵列（Field Programmable Gate Array，FPGA）是一种可反复使用字段的小规模逻辑模块和元件的可编程器件。国内 FPGA 器件领域起步晚，国产 FPGA 芯片逻辑资源规模较小，可供选择的量产芯片型号有限，配套开发工具还处于起步阶段，迭代频繁，且 IP 开发能力有限，缺乏如 PCIe 等高速通信接口，产品整体性能与国际主流厂家有较大差距。

（5）模数转换器。模数转换（Analog To Digital Convert，ADC）转换器的功能是将电压信号转化为相应的数字信号，电压信号可能是由温度、湿度、流量、压力等实际物理量经传感器和相应的变换电路转换而来。衡量模数转换性能的参数包括采样精度、采样速率、滤波、物理量回归等。不同应用场景对 ADC 芯片的速度和精度要求不尽相同。变电站内二次设备采用 ADC 芯片主要用于采集电网的电流、电压等信号。由于新型电力系统电气量呈现宽频带快速瞬变特征，目前电网宽频测量要求采集 $0\sim2500\mathrm{Hz}$ 的信号，精度要求 16bit。国内个别 ADC 芯片生产厂家已完成适合电力行业需求的多通道同步采样 SAR 型 ADC 芯片研制和小批量生产。但目前国产 ADC 芯片的精度普遍不高，特别是能够同时完成多路模拟信号采集的 ADC，精度指标较差。与进口 ADC 相比，国产 ADC 在非线性误差、信号与噪声加失真比等指标方面都有较大差距。

（6）通信芯片。变电站内自动化设备所用的通信芯片主要包括以太网芯片、CAN 网（Controller Area Network）芯片、RS485 通信芯片等。目前国内以太网 PHY 芯片厂家较少，极少数厂家可实现百兆电以太网 PHY 的量产，大部分厂家 PHY 芯片为商业级，难以满足电力设备工业级温度的运行要求，导致智能站二次设备过程层的光通信以太网设计实现存在技术挑战。RS232、RS485、CAN 等国产化通信接口芯片的功能和性能基本能达到国外芯片水平，可实现兼容替代。

（7）电源芯片。开关电源通过电路操控开关管进行高速的道通与截止，将直流电转化为高频率的交流电提供给变压器进行变压。开关电源芯片可分为 AC/DC 电源芯片和 DC/DC 电源芯片两大类，DC/DC 变换器现已实现模块化，且设计技术及生产工艺在国内外均已成熟和标准化。AC/DC 的模块化进程中遇到了较为复杂的技术和工艺制造问题。

（8）其他芯片。

1）隔离芯片：电气隔离（Galvanic Isolation）是指在电路中避免电流直接从某一区域流到另一区域的方式，虽然电流无法直接流过，但能量或信息仍可经由其他方式传递，例如电容、电感或电磁波，也可利用光学、声学或是机械的方式进行。数字隔离芯片体积小，集成度高，功耗低且通信速度高，已逐步替代传统光耦器件。隔离芯片有 I2C 数字隔离芯片、DFN 数字隔离器等。国内已有厂家能够提供满足电力二次设备功能要求的隔离芯片，但可靠性待验证。

2）电压基准芯片：在额定工作电流范围之内，基准电压源器件的精度（电压值的偏差、漂移、电流调整率等指标参数）要远优于普通的齐纳稳压二极管或三端稳压器，所以用于需要高精度基准电压作为参考电压的场合，一般是用于 A/D、D/A 和高精度电压源，还有些电压监控电路中也用基准电压源。国产电压基准芯片厂家少，且基准电压准确度及稳定度差，达不到电力二次设备模拟量准确度技术需求。基本上采用在 A/D 采用芯片内增加基准功能，主要性能指标较成熟芯片产品有较大差距。

3）时钟芯片：时钟芯片主要由可充电锂电池、充电电路以及晶体振荡电路等部分组成，除可显示精确的时间信息，芯片还具有闰年补偿及数据记录作用。利用片内锂电池，可使芯片在断电后仍可运行很长一段时间，确保片内数据不丢失。同时依靠具有断电保护功能的 RAM 单元，实现了数据的断电保护。国内可生产时钟芯片的厂家较多，功能性能水平与进口芯片相当。

2. 国产操作系统技术发展现状

无论变电站内的嵌入式二次设备还是监控后台等服务器类设备，操作系统都是最基本也是最为重要的基础性系统软件。操作系统的本质是一个控制程序，是计算机系统的控制和管理中心，从资源角度来看，它具有处理机、存储器管理、设备管理、文件管理 4 项功能。

目前国产操作系统多为以 Linux 为基础二次开发的操作系统。变电站自动化设备广泛使用的操作系统有嵌入式实时操作系统 VxWorks、嵌入式 Linux、Windows Embedded、QNX 等，这些操作系统均由欧美厂商开发维护。变电站自动化装置中的测控装置、同步相量测量装置、时间同步装置等都属于嵌入式硬件。数据通信网关机大部分使用桌面操作系统，常见的包括各种版本的 Linux 系统，包括商用 Redhat、开源 Debian 等。

（1）嵌入式操作系统。目前国内二次设备厂商主要采用开源的自研 Linux 操作系统。开源免费平台往往不如商业平台成熟完善，并且多遵循 GNU 或 GPL 许可证，要求开放源代码，这使得在具体应用尤其是商业应用上存在着限制。随着自动化装置硬件性能的提升，存储空间较之前有了很大的扩展，通过对 Linux 系统的裁剪和优化，使得系统与自动化装置的硬件性能相符合，达到系统自主可控、升级维护方便的目标。

开源 Linux 操作系统实现对硬件资源的管理，并为应用软件提供服务，操作系统层由基本核心功能（包括设备管理和虚拟文件系统等）和可配置组件组成。操作系统基本核心功能具备任务调度与管理功能、任务间通信管理、内存管理、时间管理、错误处理、中断管理、异常管理、高速缓存（Cache）管理、自检测管理和调试功能。可配置组件根据不同应用需求，提供自检测管理、实时运行库（run-timelibrary 库）、VxWorks 兼容组件、OpenGL 图形支持、实时数据库、TCP/IP 协议栈支持、高可靠文件系统等扩展功能组件。

Linux 操作系统内核从功能的角度可以划分为应用程序、内核和系统服务三部分。应用程序为由用户实现的任务、中断处理函数和中断服务例程组成，其中中断服务例程在由内核生成的中断处理函数中被调用。内核的主要功能可划分为任务管理、时间事件、同步与通信、中断与异常管理以及系统管理这几大块。系统服务为基于内核向应用所提供的扩展服务，即中间件（middleware）、文件系统、网络协议栈等。Linux 内核结构如

图 4-1 所示。

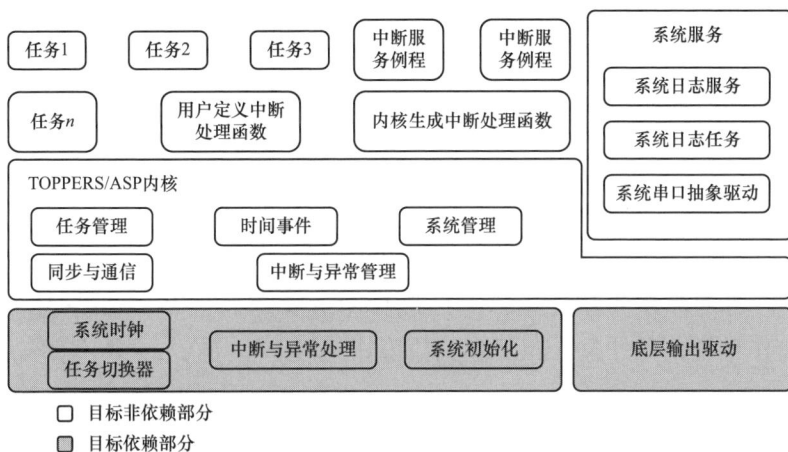

图 4-1　Linux 内核结构

在开源实时操作系统软件平台方面，国内发展水平相对较低，相比国外存在着较大差距，代表性的平台有以下两种：

1）HOPEN 系统平台包含实时操作系统内核、TCP/IP 协议栈、文件系统、图形用户界面（Graphic User Interface，GUI）、JAVA 虚拟机在内的相对完善的商业嵌入式系统软件平台。

2）RT-Thread 系统平台是一个开源嵌入式系统软件平台，主要针对使用中小型微控制器（microcontroller）的领域，遵循 GPLv2 许可证。RT-Thread 是一个包含实时操作系统内核、TCP/IP 协议栈、图形用户界面、Shell、虚拟设备文件系统在内的相对完善的嵌入式系统软件平台。

从自动化装置的嵌入式系统发展趋势来看，未来嵌入式系统将越来越复杂、规模越来越大、各种要求和约束也越来越多。大部分厂商采用平台化设计（Platform-Based Design）以应对各类新的功能需求。平台化设计主要针对电子系统级（Electronic System Level，ESL）设计，强调系统级的重用，强调功能与架构分离、计算与通信分离。平台化设计中的平台同时包括软件平台和硬件平台，由一系列软、硬件组件与体系结构以及相应的结合规则组成，其核心为：①软件和硬件上的复用性和可编程性，以保证平台针对不同应用的灵活性；②硬件和软件协同设计，以保证满足诸多要求和约束，实现设计优化。

总体来说，现阶段国内主流厂商的站内自动化二次装置基本直接使用国外商用实时操作系统或自研裁剪优化的开源 Linux 系统，针对自动化设备的硬件环境开展底层软件技术的自研较少。从技术掌握深度来看，嵌入式操作系统底层代码的设计开发和维护升级还需要依靠专业的公司完成，二次厂商则更加注重系统之上的业务功能开发。

（2）桌面操作系统。单机桌面操作系统主要是 Windows 操作系统和 Mac 操作系统，另外是 Linux 和其他操作系统。由于 Unix 或类 Unix 操作系统相对稳定、安全以及长期以来的系统继承性等原因，一些工业控制、金融、电力等领域应用水平较高的行业通常会基于 Unix 或类 Unix 操作系统部署自己的数据库平台以及应用系统。

变电站内数据通信网关机硬件从架构上与日常使用的 PC 机差异不大，注重稳定性和可靠性，配置了独立的看门狗自动重启、防浪涌等，其操作系统一般采用商用 Linux 或开源 Linux 系统，包括 Redhat、Debian、Suse 等。Redhat 和 Debian 也是数据通信网关最常用的两个版本，相关的技术支撑也最为完备。国内主要的几种 Linux 发行版包括红旗 Linux、中标麒麟 Kylin、华镭 Linux、共创 Linux 等。

1）红旗 Linux 由北京中科红旗软件技术有限公司开发的一系列 Linux 发行版，包括桌面版、工作站版、数据中心服务器版、HA 集群版和红旗嵌入式 Linux 等产品。红旗 Linux 是中国较大、较成熟的 Linux 发行版之一。

2）中标麒麟 Kylin 操作系统采用强化的 Linux 内核，分成桌面版、通用版、高级版和安全版等，满足不同客户的要求，已在多个领域得到广泛使用。中标麒麟增强安全操作系统采用银河麒麟 KACF 强制访问控制框架和 RBA 角色权限管理机制，支持以模块化方式实现安全策略，提供多种访问控制策略的统一平台，是一款真正超越多权分立的 B2 级结构化保护操作系统产品。系统针对 X86 及龙芯、申威、众志、飞腾等国产 CPU 平台进行自主开发，率先实现了对 X86 及国产 CPU 平台的支持。中标麒麟版本在工业领域应用较多，变电站部分二次厂商也选用中标麒麟国产操作系统替代国外的发行版。

3）华镭 Linux 是由新华科技系统软件有限公司自主研发的中文 Linux 操作系统。它在 Linux 稳定内核的基础上融合了多项先进技术，能全面满足商业应用需求。此外，华镭通用操作系统 RAYS 全面支持包括龙芯、众志在内的多款国产 CPU，实现了国产 CPU＋国产操作系统＋国产应用软件的完整产业链。

4）共创 Linux 是一款基于 Linux 的桌面操作系统，功能丰富，可以部分地替代现有常用的 Windows 操作系统。它采用类似于 Windows XP 风格的图形用户界面，符合 Windows XP 的操作习惯。

二、关键设备芯片国产化分析

2019 年国家电网公司启动了变电站自动化装置芯片国产替代方案研究，组织调研了相关国产芯片与进口芯片的性能差异，主要调研了 CPU、FPGA、存储芯片、交换芯片、通信芯片等，对比分析了国内多款自主可控芯片与目前装置主流芯片的功能及性能差异。根据自动化装置的应用需求，提出国产芯片选型设计方案，形成自动化装置国产化序列的长线规划，研制出基于国产芯片的变电站测控装置、数据通信网关机、同步相量测量装置、时间同步装置、监控工作站等，已逐步在变电站推广应用。

变电站自动化设备主要涉及 7 大类芯片，包括主控芯片（CPU/MCU）、DSP（数字信号处理器）、FPGA（可编程逻辑器件）、ADC（模数转换）、存储芯片、电源芯片和其他芯片。

1. CPU 芯片国产化分析

CPU 处理器的关键参数包括生产工艺、典型功耗、工作温度范围、运算处理性能、IO 接口资源、数据传输和存储性能、内核及系统架构、封装形式、开发环境及工具链等。国产 CPU 在主频、核心数、浮点单元、cache 大小等指标上与同档次进口芯片差异不大，在接口类型、功率效能比上低于进口芯片，尤其缺少高集成度的 Soc 芯片。

现有测控装置、PMU 装置 CPU/DSP 芯片一般采用主频 450 MHz、支持片上 RAM 5 Mbit、16bit DDR2 外部存储器接口、32bit/40bit 浮点运算、FIR/IIR 与 FFT 加速、功耗不大于 3W，工作温度－40～105℃。对应的国产代替芯片可用龙芯 2K1000 实现。现有的 MCU 芯片一般采用 2 * UART（10Mbit/s）、2 * SPI（10Mbit/s）、2 * I2C（1 Mbaud）、2 * ECAN（1 Mbaud）支持 2.0B 版本、DCI 支持 I2S，工作条件：3.0～3.6V、－40～125℃，对应的国产代替芯片可用智芯微电子 SCM621 实现。

2. FPGA 芯片国产化分析

FPGA 的关键参数包括生产工艺、典型功耗、工作温度范围、逻辑资源规模、高速接口资源、IP 核资源、封装形式、开发环境及工具链等。国产 FPGA 芯片可用种类较少，在制造工艺、逻辑资源及 PCIE 接口等方面存在明显差距，在基础 EDA 软件工具和产品线完整度方面的差距难以在短期解决。

现有测控装置、PMU 装置的 FPGA 主要采用 XCS6 系列-XILINX（美国），逻辑单元不少于 125Kb、LUT 不少于 78600、可配置 I/O 250 个、支持 GMII 和 SGMII 接口、工作温度－40～105℃。对应的国产代替芯片可用安路 EG4 实现，使用标准或轻量级的 AXI 总线接口，通用性强便于扩展。高速通信保障了 SV＋GOOSE＋MMS 数据可以并行处理，可满足上述技术要求。

3. ADC 芯片国产化分析

ADC 的关键参数包括生产工艺、采样的稳定性、工作温度范围、电磁兼容能力等。国内适用于电力专用的 SAR 型 ADC 芯片在常温下主要指标可对标进口的 ADC 芯片，但在高低温环境下的采样误差较大。

目前中国科学院微电子所在国家 863 项目的支持下，成功研制出超高采样率、宽频带的 30Gsps 6bit ADC/DAC 芯片，采用 4 路交织技术，子 ADC 采用自主创新的折叠内插架构。芯片内部集成三项误差校准电路，通过与 FPGA 配合可实现通道之间的自动校准。芯片输出采用 24 路高速串行数据接口，支持在 30Gsps 采样率下全速率输出。可满足宽屏测控装置、

PMU 等设备的技术要求。

4. DSP 芯片国产化分析

当前电力二次设备对 DSP 的基本需求是主频大于 400MHz，计算能力大于 2GFLOPS，为适应工业温度范围、自然散热条件及封闭机箱运行环境，功耗应小于 3W。目前已量产的国产 DSP 处理器，或计算性能过低，或功耗过高，无法满足电力二次设备运行要求，所以需研究国产通用 CPU 芯片替代 DSP 技术。通用 CPU 处理器代码执行受 Cache 命中不确定性的影响，常规软件设计无法满足保护测控业务实时性和确定性的要求。目前可采用龙芯 2K1000 为替代方案，但要实现对 DSP 的完全替代，需攻克任务执行时间不确定的难题。

5. 存储芯片国产化分析

变电站自动化设备存储芯片的应用主要分为闪存、内存和 EEPROM 三类。闪存用来存放装置的嵌入式操作系统以及管理装置系统的软件程序。内存是装置及其硬件组合单元与 CPU 沟通的桥梁、中转站。在装置运行的过程中，程序都是在内存中运行的，内存的作用是暂时存放 CPU 运算的数据和其他硬件单元的交互数据。EEPROM 一般用于需要随时更新数据或需要定时升级的某些程序芯片中。装置在正常运行的时候需要保存一些运行参数，在出现故障的时候需要记录一些故障参数，而这些参数要求掉电后不能丢失，因此在正常的数据存储中还需要考虑具备此存储功能芯片。

对测控装置和 PMU 等装置的存储要求进行分析后得出：现有闪存一般采用 MT25QL128ABA8E12-1SIT-Micron（美国），可用国产兆易创新 GD25Q127C 替代，按装置要求，至少采用 128Mb 以上的配置。现有 SDRAM 固态存储单元一般采用 MT47H64M16NF-Micron（美国），可用紫光 DDR3-512Mb 替代，后续随主板升级还可更新为 DDR4 乃至更高型号。EEPROM 主要顺应 SoC 相关趋势，现采用 AT24C32E-ATMEL（美国），可用 BL24CXXA-上海贝岭替代，基础型号不得低于 16Kb。

6. 通信芯片国产化分析

信通芯片指以太网 PHY 芯片，变电站自动化装置通信主要采用以太网方式。随着基于 EDA 的 FPGA 设计普遍采用，可编程逻辑器件、硬件描述语言、开发加载的软件工具和实验验证仿真系统的应用都对通信芯片的扩展能力提出了进一步要求。装置内总线通信的芯片，如 CAN 芯片、RS485、RS232 芯片等目前国内产品相对成熟。

测控装置以太网通信芯片主要采用 BCM5241-Broadcom（美国），该芯片 MAC 支持 10、100、1000Mbit/s、支持 1588、SGMII 接口、工作温度$-40\sim85℃$。国产替代可用裕泰车通 YT8510H，其工作温度在$-40\sim85℃$之间，符合电力系统二次设备工作环境温度要求。CAN 芯片现主要采用 SN65HVD231D-TI（美国），可用芯力特替代，其标准不得低于 1Mb/s。RS485、RS232 芯片现主要采用 MAX485EESA、MAX202-MAXIM（美国），可采用上海英联替代。

除上述几类主要芯片外，电源、存储、光耦、继电器、通信接口、人机界面、电阻、电感、电容、连接器等元器件均能够找到可兼容替代的国产器件，但器件可靠性需要验证，部分器件性能一致性和稳定性相对较差，需要进行适配和优化设计。

三、关键设备操作系统国产化分析

自动化设备涉及的操作系统、数据库等基础软件已有成熟可用产品。变电站监控系统产品可选择基于 Zen 架构的 X86 处理器的兆芯 CPU 芯片和 ARM 架构的华为芯片服务器开发。兆芯芯片与 AMD 处理器十分相似，具备 AMD 芯片的绝大部分功能，能够满足当前监控系统对服务器硬件需求，基于原来监控系统在 AMD 芯片的长期使用经验，兆芯 CPU 芯片的国产化服务器对监控系统具备良好兼容性，对第三方软件也具有高适配性。ARM 构架广泛地使用在许多嵌入式系统设计，ARM 架构的计算机系统因为硬件性能系统兼容等的制约、操作系统的精简，不能像 X86 计算机那样有众多的编程工具和第三方软件可选择使用。基于 ARM 架构华为芯片的服务器针对第三方依赖软件进行匹配修改，可满足监控系统现场运行需求。

自主可控变电站监控系统的监控主机为国内主流品牌国产芯服务器，兼容 X86、ARM 两种架构，采用国产凝思或麒麟安全操作系统，使用达梦数据库或者国网数据库管理软件（简称 SG-RDB-PG）。

四、自主可控设备关键技术

虽然现有二次设备中的绝大部分进口器件均能找到国产同等硬件进行替代，但由于国产器件在功能、性能等方面与进口成熟器件还有一定差距，因此自主可控二次设备的各项技术指标要达到目前现有设备及规范要求的水平还需要进行特殊的设计及处理。本节对测控装置、PMU 装置等自动化设备中较为重要的自主可控技术展开介绍。

1. 自主光以太网 PHY IP 技术

物理接口收发器（Physical Layer，PHY）是实现了 OSI 模型的物理层。以太网 PHY 包括介质独立接口子层，物理编码子层，物理介质附加子层，物理介质相关子层和 MDI 子层。目前国内以太网 PHY 芯片厂家较少，PHY 芯片多为商业级，难以满足电力设备工业级温度的运行要求。

（1）自主光以太网 PHY IP 设计。为了解决国产百兆 PHY 芯片缺失的问题，可采用基于 FPGA 的光以太网 PHY IP 核设计技术。该技术主要涉及接收码流时钟数据恢复方法、4B/5B 编解码技术、弹性缓冲等。基于 FPGA 的光以太网自主 PHY IP 原理如图 4-2 所示。

（2）CDR 模块设计。CDR 采用空间过采样技术，利用数字方法恢复以太网报文的时钟和数据。该技术使用 4 个相位不同的时钟分别对输入数据进行采样，存入相应的寄存器中，再根据锁存的数据进行鉴相处理，选

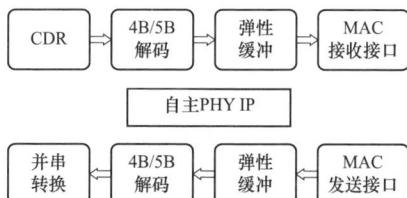

图 4-2 基于 FPGA 的光以太网自主
PHY IP 原理图

择一路数据作为恢复后的正确数据。该数据与本地时钟相位具有固有关系。CDR 模块设计原理如图 4-3 所示。

（3）边界检测对齐设计。CDR 恢复出来的数据仍然是串行的，没有确

定帧边界的串行数据流，需要设计边界检测模块，从数据流中监测特定的COMMA 编码（/J/K 码）来确定数据帧的边界位置，将串行数据转变成5bit 的并行数据，再进行下一步解码。

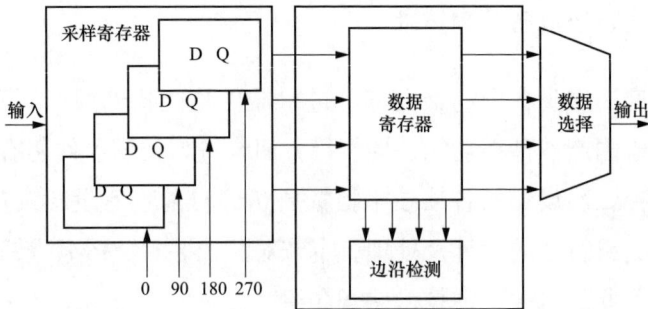

图 4-3　CDR 模块设计原理

（4）弹性缓存设计。100BASE-FX 要求发送端和接收端的时钟频率误差小于 100ppm，但由于发送和接收端不可避免地存在差异，大约经过每5000 个标准 clk 时间就会有一个 clk 的时间差别，导致接收端缓存可能会被填满（overflow）或读空（underflow），导致数据出错而无法正确接收报文。弹性缓存为了匹配远端发送速率、本地时钟频率和相位的偏差，采用空闲时根据 FIFO 的状态向 FIFO 写入或删除特定码元匹配发送和接收速率。

2. 量测精度自适应补偿技术

变电站内的测控装置量测计算主要由硬件采样和软件算法配合实现。因此对于精度的影响因素主要由算法、同步和采样环节构成。对于自主可控测控装置来说，软件算法和计算部分都未发生变化，经证明都满足误差要求。故在自主可控测控装置开发中，国产化硬件采样部分器件的性能下降是导致误差的原因。

（1）量测误差分析。测控装置的硬件采样主要环节由二次互感器、模拟低通前置滤波器和模数转换模块组成，如图 4-4 所示。

图 4-4 中前两个部分主要是由电阻、电容、电感和线圈等简单的器件搭建的硬件电路，在以往的测控装置中都已基本采用了国产化的器件，性

能与进口器件基本保持一致。模数转换模块是由 SAR 型的 ADC 芯片和电压基准芯片组成，其中国内适用于电力专用的 SAR 型 ADC 芯片在常温下主要指标可对标进口的 ADC 芯片，大多数误差在 0.2% 范围内。但是在 $-40\sim70℃$ 环境温度下，各通道采样的一致性、稳定性稍差。从只使用国产 ADC 芯片进行高低温环境下的采样测试结果来看，采样值误差最大能够到达 0.4%。导致这个现象的主要原因是 ADC 芯片内部集成的基准精度及其电压范围是有限的，如果要做到在全温度范围内具有稳定性高、精度较高的 AD 采样，一般应采用 AD 芯片加专门的基准芯片或基准电路的方式。但是国内鲜有专业生产电压基准芯片，这导致 AD 采样值会随温度变化发生漂移，影响后端遥测值的计算精度。

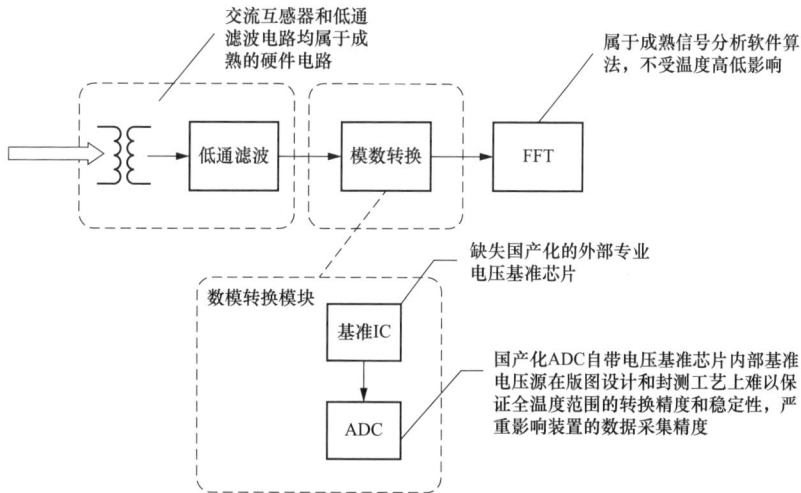

图 4-4　测控装置的硬件采样

（2）自适应精度补偿设计。基于自学习特性曲线拟合和环境闭环监测的自适应补偿技术，可确保测控装置测量精度满足相关技术规范指标要求。通过采用合适的曲线拟合方法拟合出一条连续曲线（解析表达式）来逼近不同温度下 ADC 芯片的采样值偏差，再对这个偏差值进行相应的补偿，从而获得在该温度下精度较高的补偿后量测值。自适应补偿技术的流程如图 4-5 所示。

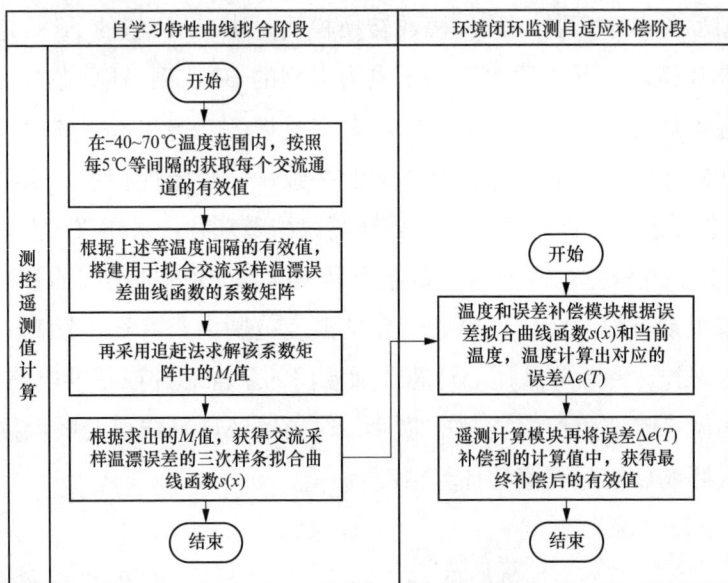

图 4-5　自适应补偿技术流程图

通过流程可以分析出，基于自学习特性曲线拟合和环境闭环监测的自适应补偿功能大致由两个阶段来实现：①温漂偏差曲线拟合阶段，这个阶段主要功能是在 $-40 \sim 70℃$ 全温度范围内获取一定数量的量测计算样本数据和测温芯片提供的装置工作温度值，再利用收集到的样本数据进行曲线拟合，建立一个随温度变化的误差补偿曲线模型，这个阶段可在装置高低温拷机过程中进行；②环境闭环监测自适应补偿阶段，这个阶段在装置运行中进行，主要功能是基于测温芯片测得的温度值和在上一个阶段中获得的随温度变化的误差补偿曲线函数获取对应的偏差补偿值。遥测计算模块再将所得的偏差值补偿到量测值中，从而获得最终有效结果。结合上述两个阶段功能，可以实现国产化测控装置在全温度范围内的量测精度有效补偿。

3. 多核共享 Cache 下实时任务调度技术

电力二次设备平台需要满足继电保护、测控、稳控等不同设备的应用需求，且需要适应传统变电站和智能变电站。这些系统需要多业务混合运行，比如测控需要操作系统支持和硬实时任务调度平台。操作系统难以满足硬实时任务调度需求，而简单调度框架难以满足诸如协议栈、文件系统等的基础操作支持。针对电力核心二次设备典型应用场景，研究基于多核处理器的非对称实时系统架构技术，通过实时任务调度框架和多核管理设计，实现对中断任务的硬实时相应和架构灵活部署。

（1）DSP 替代技术。由于当前电力二次设备应用的国产 DSP 没有合适替代方案，只能选择通用 CPU 来实现 DSP 替代，但通用 CPU 片内高速缓存资源有限，需要多核共用高速缓存，在使用中存在多核竞争，可能导致中断执行之间的大幅度抖动。所以要实现对 DSP 的完全替代，必须解决任务执行时间不确定的难题。

（2）非对称实时系统架构技术。当前国内的主控制器主要以多核处理器为主，且向更多核方向发展，因此电力二次设备平台必须适应这种趋势。目前，多核操作系统的架构有：

1）对称多处理器架构（Symmetric Multi-process，SMP），使用同一个操作系统占用所有的核，由操作系统负责调度各个核的任务运行及资源分配。

2）非对称多处理器架构（Asymmetric Multi-process，AMP），每个核使用一个独立的操作系统，各个核可以采用相同的操作系统，也可以采用不同的操作系统。操作系统＋实时任务调度模式和实时任务调度＋实时任务调度模式分别如图 4-6 和图 4-7 所示。

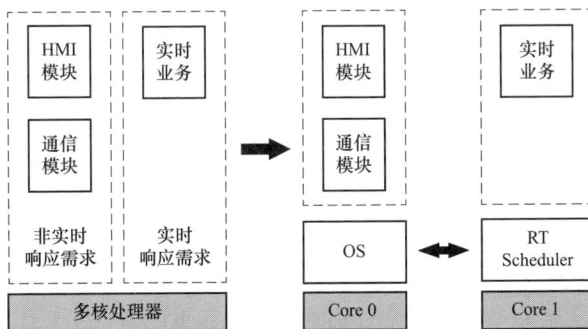

图 4-6　操作系统＋实时任务调度模式

实时任务调度＋实时任务调度的模式主要用于多实时应用功能模件

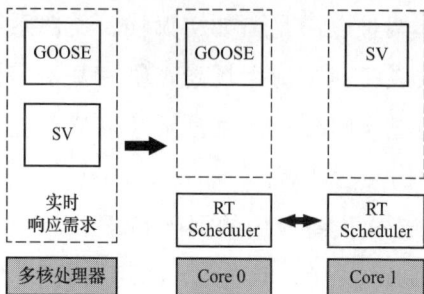

图 4-7　实时任务调度＋实时任务调度模式

（如 GOOSE 板、SV 板等）的软件部署，两个核分别部署任务调度系统，实现对多个应用的分核独立运行和实时调度。

对于非对称系统，因分核采用不同的系统进行管理，各个核上的应用完全异步运行，当两个核上应用同时访问同一核间共享资源时，必然导致资源访问冲突问题。针对该问题，采用业务独立解耦的硬实时调度非对称架构，解决了多核应用场景下业务运行耦合性强、实时性不高的难题，实现了测控装置实时业务多核应用下的灵活可靠部署。实时响应的非对称系统架构如图 4-8 所示。

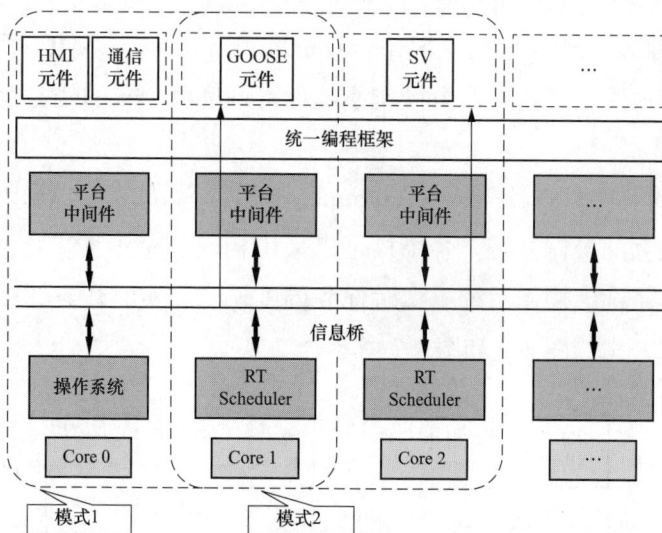

图 4-8　实时响应的非对称系统架构

基于国产通用 CPU，结合测控装置应用需求，灵活部署了两种模式，模式 1 采用操作系统＋实时任务调度的系统结构，模式 2 采用实时任务调度＋实时任务调度的系统架构。该系统架构实现了执行时间确定、业务跨核灵活部署、统一编程框架、业务多核协同和硬实时调度。

（3）实时任务调度策略。多核系统中的共享缓存资源是有限的，不同核的任务之间需要争夺共享资源的使用权。如果没有特别的调度机制，某些任务可能占用大部分乃至全部的系统资源，导致其他任务的请求得不到服务，最终对系统的性能造成影响。采用静态存储空间调度编程及编译技术可有效解决任务执行时间抖动问题。通过预选标记高优先级任务代码，编译时指定高优先级代码存放空间，引导时将高优先级代码预先锁存在片内高速缓存中，从而提高高优先级任务执行时间的稳定性。静态存储空间调度编程及编译流程如图 4-9 所示。

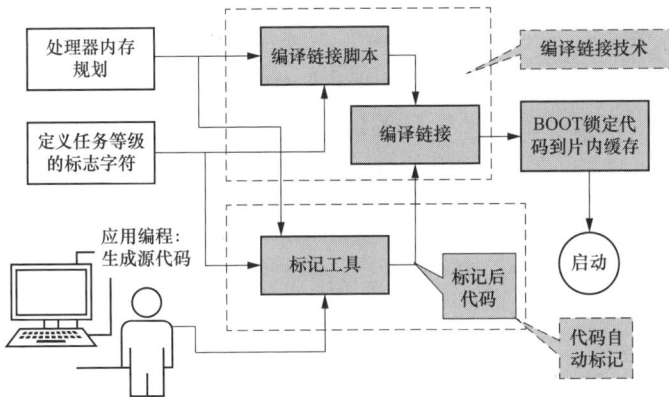

图 4-9　静态存储空间调度编程及编译流程

该方案的基本原理是 CPU 在执行低优先级任务时，需要从外存将指令导入片内高速缓冲，而在执行高优先级任务时，可直接从片内高速缓冲取指，减少了执行的不确定性，从而使高优先级任务执行时间的抖动降低到 $10\mu s$ 以内，满足了电力二次设备的技术要求。

五、自主可控设备设计提升

1. 单板级硬件兼容性设计

单板级硬件兼容性设计包括：①研究装置硬件板卡间接口特性及适配技术，主要是不同厂家相同功能芯片之间电气信号、接口时序、通信协议的适配；②研究国产与进口、国产与国产同类芯片之间参数指标差异，通过硬件设计优化、软件适配，配合兼容性测试和验证，消除插件外特性差异。最终在现有国产芯片资源条件下，实现自主可控插件级的批量可替换性。

2. 装置级硬件兼容性设计

装置硬件上对标现行技术规范，通过芯片级、模块级、单板级和系统级优化设计，消除自主可控装置整机功能和外特性差异；在装置外形设计、外端子及信号定义、人机面板显示及操作上与现有装置保持一致，实现自主可控装置和原有装置的无缝替换。

3. 基于虚链路过程层网络精确流控策略

对过程层交换机端口流经的虚链路流量分别进行流控，从全站 SCD 配置文件中提取 GOOSE、SV 虚链路流量信息，建立虚链路流量模型。配置交换机控制访问列表（Access Control Lists，ACL），即可实现对虚链路的精确流控。当各条虚链路的实际流量超过理论流量上限的 10％时，将对应的端口号及虚链路特征（组播地址或 APPID 等）上送告警，并限制该条虚链路的流量，防止出现网络风暴；当各条虚链路的实际流量低于理论流量下限的 10％，同样将对应的端口号及虚链路特征上送告警，该告警可用于协助故障定位。

4. 二次设备回路设计

国产 CPU、ADC 等芯片功耗对比进口器件有所增加，装置整体温升随之提高。为了确保设备长期运行的稳定性，需要将增加的温升快速散发出来。因此结合 CPU 芯片功耗、装置的运行环境条件和工作温度范围，设计了装配便捷、界面热阻低、机械性能可靠的散热器。

在二次回路设计时充分考虑国产芯片的性能和可靠性。如国产测控装置开出回路设计时，将开出节点与操作允许节点串联，操作允许继电器仅在动作时短时开放。同时增加二次控制信号回采功能，将继电器状态传输至自动化运维系统。通过提高开出可靠性设计，保证单体继电器故障时不误出口。

六、自主可控设备的运行状态监测

目前自主可控设备工程运行经验不足，缺乏长期验证及测试，因此对国产化设备进行运行监测尤其重要，自动化智能运维管控系统可在监视预警及状态评价方面为自主可控设备提供支撑，有效降低设备的隐患风险。

1. 设备状态参量监测

变电站自动化装置元器件可能因为质量问题或老化率存在差异，导致装置异常或故障，尤其自主可控芯片及系统尚未经过长期工程检验，存在的隐患风险较大，更需要全面、精细化的在线监测和故障诊断，提前捕捉和预测故障，消除隐患。

测控装置主要由电源板、CPU、GOOSE、SV、ADC、AI、BI、BO 等板卡组成。分析可能出现故障的元器件特征值和参考值，状态监测参数变量分为直接量测类和间接统计类。直接量测类包括输入电压、电流、输出电压、电流、ADC 基准电压、光模块电压、电流、光模块温度、功率、CPU 内核温度、变压器温度、开关器件温度、电容器件温度、板卡温度、湿度。间接统计类包括 CPU 负载率、CAN 通信状态、MCU 运行状态、板卡内存出错、板卡内存使用率、FLASH 写入次数、继电器动作次数、中断最大时间间隔。根据这些参数变量可以构建装置运行的工作环境、工作状态、元器件质量和老化等健康档案，为装置健康状态监测及评估提供数据支持。

2. 监视预警

自动化智能运维管控系统实时采集自主可控设备在线监测数据，包括数据通信网关机和监控主机的内存、CPU、硬盘使用率、调度转发表，测控装置、PMU、交换机的工作电压、温度、光强等二次设备在线监测数据。通过对在线监测数据趋势变化进行分析和同期比对等手段，分析自主可控设备的性能和稳定性。国产化设备和非国产化设备比对，通过在线监测数据的比对进行性能比对，及时发现安全隐患。

3. 状态评价

自动化智能运维管控系统对二次设备的健康状态进行评价，通过对自主可控设备的运行情况的状态评价，并与非国产化设备进行比较，得出自主可控设备的运行评估数据；或者可采用基于边缘计算、虚拟化等互联网新技术，建立自主可控二次设备运维监测的新系统架构，并针对自主可控装置工程运行经验不足、成熟度不高的问题，深度监测和积累自主可控设备的各项特征参量，从而建立完善的健康评价体系。

2020 年，基于国产芯片的监控主机、数据通信网关机、测控装置、时间同步装置、同步相量测量装置、交换机等设备已通过国网电力科学研究院实验验证中心的检测。检测证明国产化设备的功能均能满足现场运行的需求。但与采用进口芯片的设备相比，存在整体性能普遍略低，如网络压力性能不足，设备功耗增大，运行稳定性和可靠性需要针对性补强等问题。国产化设备还需要经过长期运行以积累运行经验。随着国产芯片的性能提升，国产化设备的相关技术指标会达到甚至超过当前的进口芯片水平，装置功耗水平会进一步下降，其可靠性、稳定性也会得到显著提升，可满足新型电力系统下多业务数据统一测量、综合处理等电网及集中监控应用需求。

第二节　自主可控新一代变电站二次系统

随着智能变电站建设的不断推进，智能化水平得以的同时也出现了技术应用的一些问题，尤其是国际环境的影响使设备安全面临更加严峻的挑战。2019 年 11 月，国家电力调度控制中心提出基于"自主可控、安全可靠、先进适用、集约高效"的优化原则，组织开展新一代自主可控变电站二次系统研究。以全面自主可控、系统功能优化、设备全面监控、安全防护有效为总体目标，重申二次系统对保障变电站运行安全的关键作用；明确指出变电站二次系统是由保护设备、自动化设备、站控层设备和软件、计量及电能质量设备、通信及安全设备、辅助设备等设备和系统构成，担负着保护、控制、测量、监视的任务，实现设备运行数据、告警信息、监视数据等数据信息实时采集与上送，为远方主站提供运行及数据支撑，对保障电力系统安全稳定运行至关重要。

一、存在问题

近年来智能变电站运行过程中，二次系统逐渐暴露出功能保障、运维支撑以及安全风险防御等方面能力不足的问题，具体表现在以下几个方面：

1. 远方监控支撑能力方面

变电站包含多专业独立系统，缺少整体协调，采集信息冗余和不全的问题并存，监控界面分散杂乱，主辅设备一体化监控能力不足，尤其是辅控各子系统和部分二次设备信息缺失，使上送主站的实时数据不能完全满足远方监控的需求。另外，变电站至主站以单向原始数据上传为主，信息含量不高，智能分析和服务化支撑能力不足，无法满足设备监控广度、深度的要求。

2. 数据采集方面

原始数据按业务独立采集、点对点采样及网络采样并存，设备端口数量多，设备重复配置，数据重复采集。数据源设备故障影响范围大，母线合并单元故障时，所连接的间隔合并单元均会受影响，保护部分功能丢失。间隔合并单元同时输送数据给母线保护和线路保护，若公用数据处理环节出现问题，影响范围大。

3. 交换机配置方面

变电站通信报文的隔离收发是通过交换机配置实现的，因此操作人员需熟悉 VLAN、GMRP 等技术细节，配置复杂，技能要求高，运维难度大。智能站使用大量交换机用于实现信息共享（500kV 智能变电站约 40～60 台，220kV 智能变电站约 30～40 台，110kV 智能变电站约 20～30 台），设备数量多，设备异常影响范围大。

4. SCD 配置存在运行风险

SCD 文件采用抽象语言描述，信息展示不直观，检查校对不方便。SCD 文件改动影响范围难以确定，现场经常需要扩大停电范围。不同厂家的配置工具界面差异大、通用性差、可视化程度低，在新建、改扩建及设备升级过程中，SCD 版本管控存在风险。

5. 安全防护防御能力方面

本体安全存在已知系统安全漏洞和非必要端口未关闭的运行风险。二次设备登录、数据访问、操作控制等存在身份认证、数据加密安全问题。

变电站内辅助设备的网络安全监测手段存在不足,无线接入设备、临时性调试运维工具等存在非法接入的安全风险。另外,站控层通信协议非自主可控,系统及设备间通信认证机制较弱,导致设备连接可信免疫能力低。

6. 自主可控存在风险

二次设备核心芯片依赖进口,存在断供风险。基础软件存在隐患,如操作系统、数据库和 MMS 通信软件大量采用国外产品,存在软件后门、漏洞和潜在风险。国产芯片性能有待提升,软件生态不完善,自主可控设备研制和优化难度大。

针对上述问题,自主可控新一代变电站二次系统的设计研究围绕自主可控、安全可靠、先进适用、集约高效的优化原则,提出了实现总目标的具体措施,主要包括:①以国产化芯片及操作系统为基础,通过整体设计和软硬件优化,实现变电站二次系统全面自主可控、整体优化;②统筹各专业需求,优化功能配置,实施设备整合,简化网络结构,实现整体功能优化提升;③全面监测主辅设备,全面规范辅控信息接入,支撑远方集中监控业务;④以安全内嵌、自主防御为原则,实现变电站网络安全监测、设备安全接入和重要操作安全认证。

二、关键技术

1. 自主可控技术

(1) 二次设备芯片。通过芯片解剖分析等技术对 CPU、FPGA、ADC、存储、通信等自主可控器件进行全面选型和论证,保证满足自主可控要求。同时通过自主可控 CPU 和 FPGA 优化组合方案,弥补单个器件性能不足,使整体性能达到进口芯片水平,满足应用需要,实现整体性能最优。

(2) 站控系统。采用平台＋App 架构,消除数据重复采集,降低装置通信负载。采用国密算法的双层双向安全机制,实现 DL/T 860 协议代替 MMS,保证了自主可控设备的数据与通信安全,同时,通信报文长度减少 30%～50%,通信效率提升,降低对芯片性能要求。

(3) 优化措施。采用 FPGA 替代光 PHY 设计,通过软件温度补偿、低功耗设计技术提高通信带宽能力、精度和可靠性。采取直采直跳和取消过程层网的技术优化，降低对国产芯片的性能要求，提高国产化保护性能裕度。同时采用采样和跳闸光口合一技术方案大幅减少光口数量，降低功耗及发热，提升设备可靠性。

2. 设备功能集成

（1）站控层设备优化整合。改变现有按专业配置主机和网关机的方式，根据安全分区进行设备整合，使站控层成为统一系统。优化站控软件性能，改进基础软件算法，提升多业务、大容量数据接入性能，加强双机同步控制，弥补国产芯片的性能短板。应用新型通信网关机，采用类刀片式多板卡设计。优化多主站和多协议通信能力，保障多业务整合后的通信实时性和可靠性。

（2）间隔层设备功能集成。通过同类功能合并提高同源技术集成度，避免数据重复采集，减少设备数量及站内数据传输。多功能测控按间隔配置，整合测控和PMU功能，整合结算计量和电能质量监测功能。智能故障录波整合故障录波、网络分析和二次设备在线监测功能。

（3）过程层设备功能整合。采用采集执行单元将合并单元与智能终端功能整合，实现了采样和跳闸光口合一、报文共口传输技术。数据发送采用报文优先级控制及时隙预判技术，在SV报文发送间隔内插入GOOSE报文，既满足SV报文等间隔发送要求，又实现SV和GOOSE报文的共口传输，解决了传输冲突问题。共口传输技术显著减少设备数量及光口数量，装置功耗及元器件发热显著降低，提高了国产芯片正常运行裕度，有利于装置长期稳定运行。

（4）板卡集成与散热处理。通过提高板卡集成度与散热优化设计，降低光模块的功耗，减小装置整体功耗，并进行三防处理，提升装置的湿度适应能力。安装设备的汇控柜配置有温度调节实施，通过合理设计屏内设备安装布置方式，增大散热空间，二次设备硬件元器件均采用工业级选型，温度范围均达到$-40\sim70$℃。同时，通过优化设备安装环境、改善接地屏蔽措施，提升抗电磁兼容能力，提高就地采集设备运行可靠性。

（5）整合全站数据资源。开展多专业统一数据规划，统一数据接口，统一电磁式互感器和电子式互感器的应用方式，统一间隔层设备的数字传输方式，采用光纤点对点传输。优化系统数据流，实现数据全景采集和全局共享。

3. 网络结构优化

（1）取消过程层网络。采集执行单元与间隔层设备采用点对点直连通信，减少设备物理端口，简化网络，交换机总体数量减少 66％以上。

（2）三段式网络隔离。采用隔离交换机将站控层网络分成三段，分别接入 A 套保护、B 套保护、站控层设备和其他单套装置，通过 VLAN 隔离和流量抑制技术实现 AB 套保护网络独立及网络报文净化。

（3）简化网络配置。全站交换机规范为隔离交换机和接入交换机两种类型，每种类型的交换机参数相同，现场交换机固化配置，即插即用，消除现场配置出错的风险，提高网络运维效率及质量。

（4）端口流量抑制。按报文类型限制保护控制装置、交换机和站控层设备网口的报文流量，从端口底层预防单个设备故障对其他设备带来流量冲击。流量限制技术采用硬件 FPGA 实现，简单可靠。

通过上述措施的实施，站控层网络成为变电站唯一网络，网络结构进一步优化。根据业务需要分区，采用三段式网络保障双套保护的独立性，避免一套保护故障从网络上影响另一套保护，既保证设备功能独立性，又能够实现数据共享，有效提升了站控层网络的可靠性。

4. SCD 配置技术

（1）SCD 标准化配置。设备功能和模型信息配置标准化，避免重复配置，打造 SCD 文件完整模型基础，实现建模的标准化和规范化，SCD 文件配置更简单。

（2）SCD 可视化。实现 SCD 可视化配置，使用配置工具自动生成变电站虚实回路图、网络拓扑图、主接线图、间隔分图，信息展示更直观。

（3）SCD 使用安全可靠。增加按间隔设置校验码；增加全方面模型裁剪服务，增加配置权限管理措施。减少了改扩建时验证范围，保证安全。

（4）在线版本管控。增加在线版本管理、在线模型校验、在线上传下装等功能，历史版本可追溯比对，实现 SCD 文件全生命周期内的版本可控。

5. 主辅设备监控能力

按照变电站主辅设备一体化监控要求，重新设计变电站监控系统功能。突破以主设备监控为主的功能局限，以面向主辅设备全面监控为目标，提升监控系统的就地分析智能处理能力，提升数据通信网关机支撑无人值班、集中监控业务的远程分布式服务能力，主要措施如下：

（1）升级主子站通信协议。采用自主可控的服务化协议，克服传统 IEC 104、DL/T 476 规约不足，实现服务自描述、时标数据传输、远程过程调用等高级应用数据交互。

（2）加强变电站端数据分析。利用站控系统算力资源，就地完成设备状态监测和故障综合分析，减少大量原始数据远传。

（3）提升站端支撑服务。优化事件化告警、顺控操作调用、远程浏览等支撑服务，支撑远程穿透调阅和分布式应用。

（4）统一建模和源端维护。协调变电站、调度主站、集控站和业务中台模型，实现配置源头唯一、痕迹可溯、全面共享、无缝转换。

（5）补全监控缺失数据。扩大数据采集范围，接入一次设备操作机构、消防、安防、动环、交直流电源、安控等设备状态数据，确保监控无死角。

（6）提升设备监测深度。优化提升一次、二次设备状态监测、时钟监测、网络监测，从多维度探测设备健康状态，提高隐藏缺陷感知和预警能力。

（7）优化设备监控界面。跨业务界面一体化设计，优化三维图形引擎，增强对设备多维度、多层次展示能力，确保监控对象直观明了、异常信息定位快速。

（8）完善智能防误与联动控制。综合应用一键式顺控、防误双校核、智能联动等技术手段，提高操作控制效率，防止误操作事故发生，保障人身、电网和设备安全。

6. 智能运维技术

（1）可视化智能配置技术。采用实景展示等可视化技术，完成变电站工程配置，输出全业务数字化模型，降低使用门槛和难度。

（2）自动成图技术。根据变电站设备和拓扑模型自动生成监控图形，解决图形不规范、风格不一致、测点关联错误等问题。

（3）自动对点调试技术。实现除硬回路传动验收之外的自动调试，解决大量依赖人工进行对点验证的难题，提升工程调试效率。

（4）综合安措技术。综合应用防误逻辑、操作票、压板、定值校核和版本管控等手段，实现运维检修全过程监控防护。

（5）在线智能巡视技术。采用人工智能技术，实现视频、图形、声纹等综合感知，以机器巡视代替人工巡视。

7. 安全防护技术

（1）变电站边界防护强化技术。在纵向和横向边界部署网络安全设备的基础上，新增无线设备的安全接入区和建立符合安全要求的临时性调试运维防护措施。

（2）站内通信安全强化技术。使用国产 DL/T 860 通信协议替代MMS，采用双向认证和报文数据加密传输，建立系统及设备安全信任的互联互通机制。

（3）设备本体安全强化技术。设备硬件及基础组件完全自主可控，通过登录和通信身份认证、数据保密、源码安全、关闭端口和不必要的服务、修复系统漏洞、记录审计等安全措施强化二次设备本体安全。

（4）网络安全监测及分析能力强化技术。网络安全监测分析功能内嵌于综合应用主机，作为标准配置，完成网络安全信息采集和安全评估，经服务网关机上送网络安全管理平台，实现全面网安监测分析和统一管控。

三、技术应用

1. 标准先行、全面规划

为推动新一代变电站二次系统总体方案落地，指导设备研制和系统开发，国家电力调度控制中心组织开展规范体系顶层设计，研究确定总体框架，明确分类原则，编制技术规范。新一代变电站二次系统技术规范总体框架共包含 7 大类 36 项标准。其中通用类 8 项、装置类 9 项、站控系统类 5 项。

2. 试点验证、稳步推进

2020 年初，国家电网公司总部组织开展了自主可控新一代变电站二次系统优化工作。2020 年 6 月，经专家技术论证，确定选取国家电网技术学院 220kV 教学变电站作为自主可控新一代变电站二次系统技术试点验证应用场所。该教学变电站一次设备经维护检修后具备带电运行条件，二次系统根据新一代变电站技术方案进行整体改造后，满足对新的二次系统进行考核验证需求。

2020 年 7～12 月，按照设备全类型带电、系统全功能验证、运行全过程考核总原则，国家电网技术学院先后完成了改造方案编制、项目立项、设计审查、工程招标及设联会等准备工作，12 月全面进入建设实施阶段。2021 年 2 月 2 日国家电网技术学院实训站首次成功送电。

2021 年 4 月开始，开展变电站二次系统联合调试和考核验证工作。2021 年下半年开始，结合科技创新示范工程，开展自主可控安全可靠新一代变电站试点工程建设，积累工程应用经验。2021 年 8 月浙江第一座自主、可控、安全、可靠新一代杭州 220kV 云会变电站投运。

第三节　通信协议加密认证技术

在智能变电站自动化系统的全生命周期的安全需求中，通信协议是电力系统运行的最关键部分之一，也是网络安全需求中的重要组成部分。安全性和可靠性始终是电力行业中系统设计和运行的重要内容，随着变电站的智能化、网络化，电力系统越来越多依赖于信息基础设施，电力监控系统通信安全正变得日益重要。

只要存在通信，无论是基于以太网还是串行链路或者其他通信方式，理论上都会存在通信安全隐患。开放的环境易于被攻击者介入，开放的标准使攻者更加清晰通信过程及数据的含义。在获得更友好通信环境与互操作性的同时，基于开放标准的通信协议也有更大的受攻击面，具有更大的潜在安全风险。认证加密技术、访问控制技术是应对通信安全威胁的主要技术手段。在智能变电站自动化系统的诸多安全需求中，安全措施的实施需要考虑系统的实用性，当安全措施对系统资源的过度需求与系统对高实时性需求矛盾时，应优先保障系统的安全可靠运行。

一、IEC 62351 标准体系

IEC 62351 标准的全名为电力系统管理及关联的信息交换-数据和通信安全（Power systems management and associated information exchange-Data and communications security）。IEC 62351 标准基于公开 IT 体系构建，从电力系统的安全需求出发，分析了通信协议安全威胁的类型、安全的脆弱性与安全攻击的方式，并针对性地设计了安全应对措施，其应用范围涵盖了 IEC 定义的系列标准，如 IEC 60870-5 系列、IEC 60870-6 系列、IEC 61850 系列、IEC 61970 系列、IEC 6196 系列；也涵盖了部分 IEEE 定义标准，如 IEEE 1815（DNP3）。

IEC 62351 标准以认证和加密为核心，为通信规约提供安全防护，其定义的安全方法主要包括：

（1）认证与授权机制（基于角色的访问控制技术，RBAC）。

（2）以 IP 通信和串行通信为基础的链路层安全机制。

（3）应用层数据交换的安全机制。

（4）安全监视与事件审计机制。

IEC 62351 标准由多个部分组成，其标准部分的概况与相互引用关系如图 4-10 所示。

（1）IEC 62351-1　概述。标准第一部分叙述了电力系统操作安全的背景，以及 IEC 62351 系列安全标准的概要内容。

（2）IEC 62351-2　术语表。这部分内容包括 IEC 62351 标准用到的术语和缩略语。

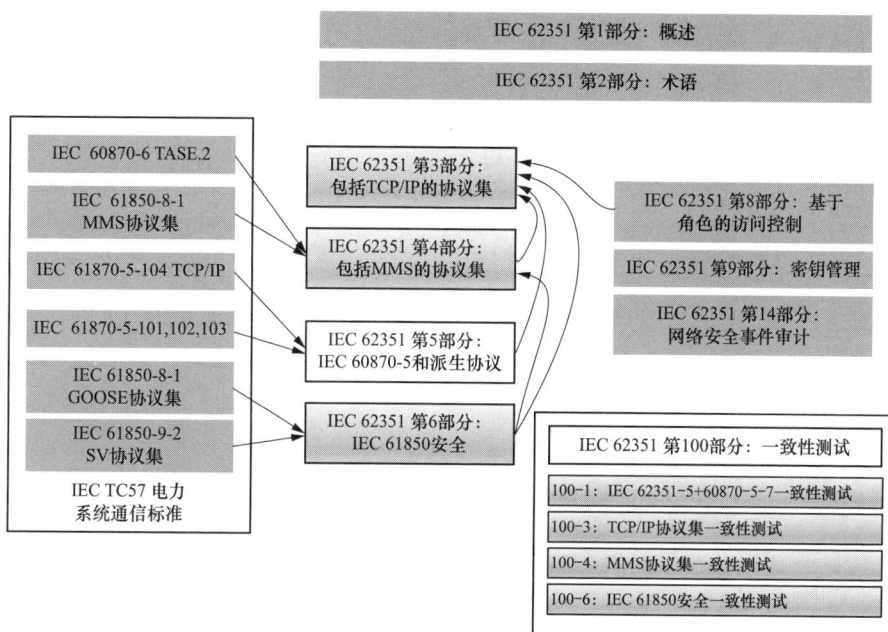

图 4-10 IEC 62351 系列标准概览及相互关系

（3）IEC 62351-3 数据和通信安全-TCP/IP 安全规范。IEC 62351-3 基于现有安全协议传输层安全（TLS）为基于 TCP 的通信提供安全规范，描述了 TLS 的参数设置。

（4）IEC 62351-4 数据和通信安全-MMS 相关安全规范。IEC 62351-4 应用 IEC 6251-3 的机制来为基于 TCP 的 MMS 通信提供安全防护，并定义了相应的应用层安全机制，即应用层安全认证机制（A-Profile）。

（5）IEC 62351-5 数据和通信安全-IEC 60870 和派生规约（即 DNP 3.0）的安全

（6）IEC 62351-6 数据和通信安全-IEC 61850 安全规范。IEC 62351-6 基于 IEC 62351-3/IEC 62351-4 为 IEC 61850 基于 TCP 通信的部分定义了安全规范，并为基于组播通信的 SV/GOOSE 服务定义了安全防护机制。

（7）IEC 62351-8 数据和通信安全-基于角色的电力系统管理访问控

制。IEC 62351-8 为通信定义了基于角色授权访问机制，提升了通信访问控制的管理粒度。

（8）IEC 62351-9 数据和通信安全-电力系统设备的网络安全密钥管理。

（9）IEC 62351-14 数据和通信安全-网络安全事件记录。IEC 62351-14 定义了安全日志实现的细节，包括通信、内容和语义，为安全通信机制下的通信安全问题的信息追溯、以及故障定位提供了解决方案。

（10）IEC 62351-100 数据和通信安全--致性测试。IEC 61351-100 系列标准为保障协议的互操作性，提供了一致性认证的技术规范。

二、通信协议的认证加密技术

1. 通信协议的安全框架

IEC 62351 通过对原有通信协议的应用协议集（A-Profile）和传输协议集（T-Profile）进行扩展，并应用认证、加密技术为该协议提供必要的安全通信功能；通常应用协议集与传输协议集可以单独应用，也可组合应用，所以又常被称为 A-Profile 安全与 T-Profile 安全。

以 IEC 61850 通信协议为例（下文示例均以 IEC 61850 通信规约为示例展示），参照 OSI 七层参考模型，IEC 62351 对 IEC 61850 通信协议改造后的参考模型及对比关系如图 4-11 所示。

IEC 62351 标准对 IEC 61850 的 MMS 协议的安全机制分成两部分完成即 T-Profile（传输层安全）和 A-Profile（应用层安全），使 MMS 协议通信可以应对未经授权的信息访问、未经授权的窃取与篡改等威胁。

2. IEC 61850 的应用层安全技术

IEC 61850 通信标准的 MMS 关联服务是 MMS 客户端通过 Initiate（初始化）服务开始建立的，具体通过 IEC 61850 的 MMS 关联服务的 ACSE 层数据协议单元 A-ASSOCIATE-REQUEST（AARQ）和 A-ASSOCIATE-RESPONSE（AASE）进行初始化链接。IEC 62351 标准对 IEC 61850 通信协议的应用层协议集（A-Profile）的安全扩展，是通过扩展并启用在 AARQ、AARE 的连接过程的 Authentication-value 域，实现了 A-Profile

的双向认证功能。通过应用 A-Profile 安全协议，可实现仅对授权用户提供 IEC 61850 的访问控制功能。

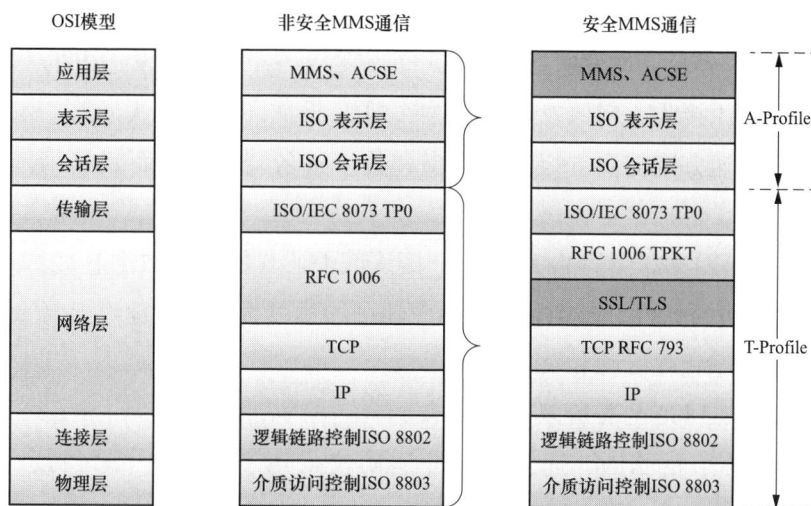

图 4-11　IEC 62351 对 IEC 61850 通信协议改造后的参考模型及对比关系

IEC 61850 的 A-Profile 安全连接认证相对普通连接最主要的变化就是新增安全认证信息的生成和校验。IEC 61850 的 A-Profile 安全认证过程重要包含三个步骤，具体过程如下：

（1）发送方生成安全认证信息：

1）提取发起链接时产生安全认证信息时的系统时间作为被签名内容。

2）使用安全哈希算法计算该时间值的信息摘要。

3）使用发起方自身私钥，通过指定的签名算法对信息摘要进行数字签名。

4）将包含公钥信息的数字证书、系统时间以及数字签名组合成 A-Profile 的 AARQ 报文发送给接收方。

（2）接收方收到报文以后，进行数字证书和数字签名验证：

1）接收方根据 AARQ 报文解析出发送方的数字证书、系统时间以及数字签名。

2）接收方通过自身对应的 CA 及证书撤销链表验证发送方的数字证书合法性。

3）接收方提取发送方数字证书的公钥，对链接请求报文数字签名与请求时间信息进行有效性验证。

（3）反向信息验证：

1）接收方验证过发送方的 AARQ 报文后，接收方和发送方的身份即发生互换；原接收方向原发送方发送 AARE 报文，其安全认证信息格式相同；而原发送方则需要进行数字证书和数字签名验证，从而完成双方相互的身份认证。

2）在 IEC 62351 的 A-Profile 链接认证中，其核心是数字签名 SignedValue 的不可否认性，签名值 SignedValue 的不可否认性在理论上与 Hash、签名算法、密钥强度强相关。

3. IEC 61850 的传输层安全技术

IEC 61850 的 MMS 通信的传输层协议采用了于 TCP/IP 协议，IEC 62351 对 IEC 61850 传输层协议（T-Profile）的扩展是通过在 TCP 层上扩展了 TLS 协议层（Transport Layer Security，TLS）。TLS 协议作为中间层协议，将上层的 TPKT 数据加密并打包成本层数据后，递交 TCP/IP 层进行信息传输；解密 TCP 报文后，提交给上层应用协议实现透明传输。TLS 协议层的加入不仅为通信双方提供了加密通信功能，还可为通信双方提供身份认证功能。IEC 62351 对 IEC 61850 的传输层协议改造前后及对比关系如图 4-12 所示。

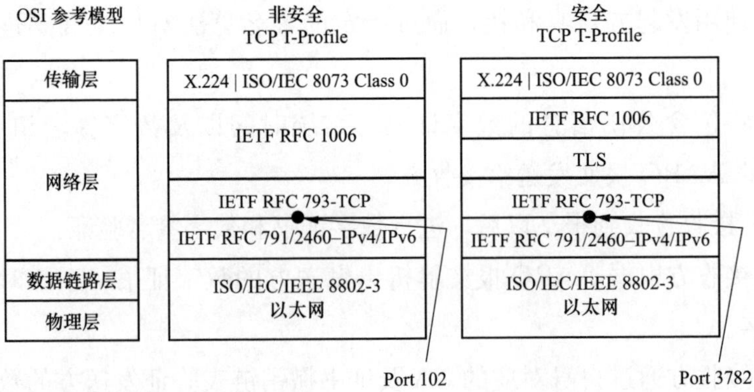

图 4-12   IEC 62351 对 IEC 61850 的传输层协议改造前后及对比关系

目前，TLS 已经成为互联网安全加密通信的事实标准。IEC 62351 通过扩展引入 TLS 协议，为 IEC 61850 的网络通信提供了机密性、认证性及数据完整性保障；同时，为区别与普通的 IEC 61850 通信，通信端口也从102 端口转移到安全端口 3782 端口（3782 为 IANA 已注册的安全 ISO TP0端口）。在 IEC 62351 的 T-Profile 加密通信，其核心是加密算法的有效性，这与密钥协商算法、所选加密算法及密钥长度直接相关。

三、通信协议的访问控制技术

1. 基于角色的访问控制模型

为加强对通信连接的访问控制权限的细化管理，IEC 62351-8 提出按照通信角色进行访问控制的概念，在 IEC 62351-8 标准中提出基于角色的访问控制技术（Roled-Based Access Control，RBAC），通过对应用业务划分操作权限，定义角色与权限的关系映射，并通过属性证书承载角色声明，实现了面向角色对象的通信访问控制技术，提升了电力系统设备远方操作的可控性。智能变电站自动化系统中基于角色的安全通信访问控制模型如图 4-13 所示。

在图 4-13 基于角色的安全通信访问控制模型中，涵盖了四个层次主体，并关联两种映射关系：

（1）Subject：主体，想要发起访问的通信个体，并与角色关联。

（2）Role：角色，与具体应用职能有关，并与权限关联。

（3）Permission，权限，面向应用的特定操作，如控制（开关）。

（4）Action on object，主体对对象的具体操作。

2. 权限的定义

IEC 62351-8 标准基于通信的应用功能和通信服务定义，基于 IEC 61850通信服务模型对通信权限进行了划分，具体权限的定义如下：

（1）LISTOBJECTS 权限：与 IEC 61850 模型对象有关，允许读取 IED模型的结构与属性。

（2）READVALUES 权限：与 IEC 61850 模型对象有关，允许获取

IED 模型对象的值。

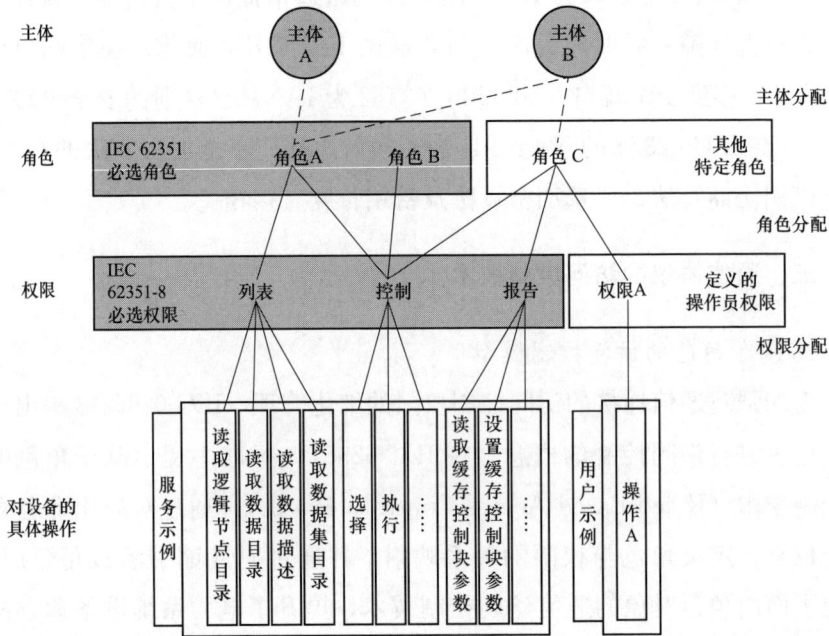

图 4-13　基于角色的安全通信访问控制模型

（3）DATASET 权限：与 IEC 61850 模型对象有关，允许对数据集具有完全服务访问权。

（4）REPORTING 权限：与 IEC 61850 模型对象有关，允许使用 IEC 61850 的缓存报告和非缓存报告。

（5）FILEREAD 权限：与文件服务有关，允许读取客户端文件。

（6）FILEWRITE 权限：与文件服务有关，允许客户端下载文件。

（7）CONTROL 权限：与 IEC 61850 模型对象有关，允许对 IED 中的可控对象执行控制操作。

（8）CONFIG 权限：与 IEC 61850 模型对象有关，允许在本地或远方配置 IED 中的功能约束为 CF、DC、SP 的对象，即具有写入权限。

（9）SETTING GROUP 权限：与 IEC 61850 模型对象有关，允许远方进行定值相关操作。

（10）FILEMNGT 权限：与文件服务有关，允许删除 IED 的现有文件。

（11）SECURITY 权限：与网络安全主题相关，允许对安全相关的数据对象、报告、日志或文件执行操作。

3. 角色与权限

IEC 62351-8 中预定义了几种基本通信角色，拥有相关角色的通信主题可以对相应设备执行访问控制，而超越角色定义权限范围的访问控制会被拒绝。除预定义角色，IEC 62351 还支持用户自定义角色，同时支持为一个访问对象颁布多个通信角色。IEC 62351 对角色的定义，以及角色与权限的映射关系如表 4-1 所示。

表 4-1　　　　　　　　　　　角色与权限的映射关系

角色 ID	角色名称	许可										
		对象列表	读取值	数据集	报告	文件读取	文件写入	文件管理	控制	配置	定值组	安全
$<0>$	浏览者	X	C		X	C_1						
$<1>$	操作员	X	X		X	C_1			X		X	
$<2>$	运维工程师	X	X	X	X	X_1	X_1	X_1		X	X	
$<3>$	调试工程师	X	X		X	X_2	X_2			X	X	
$<4>$	安全管理员	X	X	X		X_4	X_4	X_4		X		X
$<5>$	安全审计员	X	X		X	X_3						
$<6>$	权限管理员	X	X					X_4		X		
$<7...32767>$	保留	用于将来使用 IEC 定义的角色										
$<-32768..-1>$	私有	由外部协议定义										

注　$X=$ 可访问全部相关信息。
　　$C=$ 条件读取访问，可能需要针对特定的数据对象进行澄清（例如，浏览者可能无法访问安全配置信息，但可以访问过程值）。
　　$C_1=$ 对数据类型文件的条件读取访问。
　　$X_1=$ 仅访问数据类型和配置类型的文件。
　　$X_2=$ 仅访问配置和固件类型的文件（固件更新）。
　　$X_3=$ 仅访问审计日志文件。
　　$X_4=$ 仅访问安全配置相关的文件。

4. 通信角色应用

在 IEC 62351 中，数字证书的属性扩展中包含了通信角色的描述信息；

在基于角色的通信中，以数字证书的安全认证为基础（如，A-Profile），实现角色信息的传输与认证。

基于角色通信的工作流程为：客户端与服务器建立连接时，使用的证书中包含扩展有身份信息的数字证书；服务器通过客户端的证书获取访问主体的身份角色，并根据角色与权限映射关系赋予该客户端相应的访问权限；该客户端发起功能请求时，服务器会依据主体的角色权限对功能请求进行检查并响应或拒绝，其具体工作流程如图4-14所示。

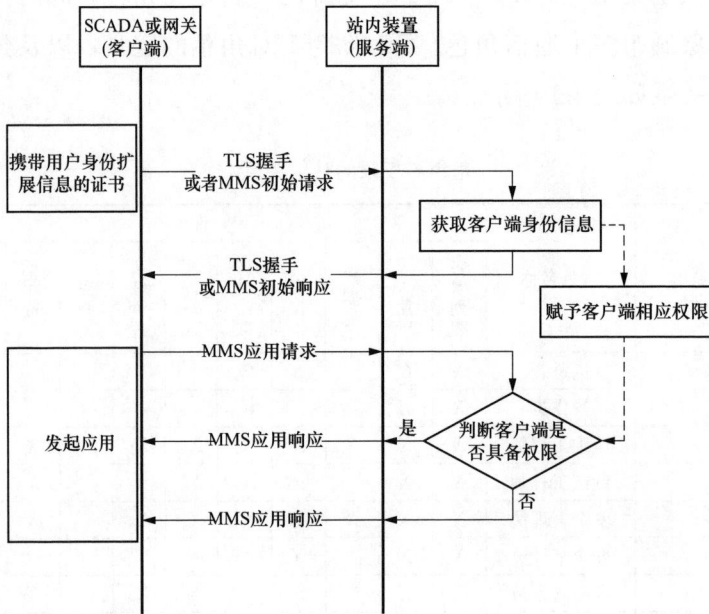

图4-14 基于角色通信的访问控制流程

四、通信协议的运维技术

基于认证加密机制的通信技术提升了通信的网络安全防护能力，但加密技术的应用也增加了加密通信下通信运维管理的难度。

IEC 62351-14提出了一种基于标准化、实时上送安全审计信息的方式来应对加密环境下通信问题定位的难题。IEC 62351标准将通信过程中的各种异常信息进行标准化描述，并由可获得通信明文的通信双方实时监视这些异常信息，并通过 SYSLOG 协议将这些异常以 IEC 62351-14 规定的格式发送给网络安全管理系统（如网络分析仪），为加密通信环境下的故障定位提供必要的信息。为保证 IEC 62351-14 的应用具有充分的互操作性；①IEC 62351系列标准分别对各种通信异常进行了标准化的描述；②IEC 62351-14 对 SYSLOG 报文的格式也进一步进行了规范化，最后在 IEC 62351-100 系列标准中加入一致性测试流程，可保证加密环境下通信运维管理的互操作性。

当前 IEC 62351 系列标准定义的异常通信信息，涵盖链接、认证、签名、证书、通信编码、加解密、低级密钥套件、角色等内容，其诊断信息也将随应用的深入而不断迭代增加。

第五章

智能变电站自动化新技术应用案例

第一节　杭州 220kV 云会变电站应用案例

一、变电站概况

220kV 云会变电站是浙江省首个试点国网新一代变电站二次优化技术规范的智能变电站。在二次设备与系统的软硬件全面实现自主可控的基础上，云会变电站的二次设备与站控系统进行了二次优化整合，集中体现了自主可控、安全可靠、先进适用、集约高效的优化方针。同时云会变电站继承了国网浙江省电力公司在自动化技术应用的成熟经验，并对二次优化未覆盖功能的补足进行了探索。主要技术特点如下：

（1）基于自主可控的二次优化系统设计：取消全站过程层组网，间隔层与过程层设备点对点直连的模式，节约了过程层交换机的使用；试点采用了新一代采集执行单元、多功能测控、继电保护、智能录波器、主辅一体监控主机等设备；通过基于国产化的 CMS 协议的使用，优化站内间隔层通信方式，实现站控层通信设备的整合及监控功能的优化部署及对集控主站远程数据调阅的支撑。

（2）结合二次优化体系实现测控冗余的技术：二次优化技术体系未解决测控设备冗余化的问题，本站结合国网浙江省电力公司对冗余后备测控的研究推广经验，尝试对二次优化体系进行了技术补充，实现测控装置的可靠冗余。

（3）二次优化应用的自主可控通信协议与已有的 MMS 协议共存及切换技术：由于云会变电站是改造站，工程实施过程中会出现仅支持 MMS 协议的老设备与同时支持 CMS 协议、MMS 协议的新一代设备共存的局面。本站研究并试点了客户端双协议伺服支持服务端协议灵活切换技术。

（4）变电站二次设备统一运维管控系统的应用：二次优化技术规范对二次设备运维提出了纲领性的指导意见，但尚未进一步详细运维管控规范。国网浙江省电力公司对二次设备统一运维管控技术经过多年研究，研发了功能完善的智能运维管控系统，实现了变电站二次设备的智能远程运维。

云会变电站尝试把该套系统结合二次优化架构体系进行了融合，提升新一代变电站二次设备的运维效率。

二、新技术应用

1. 基于自主可控的二次优化系统设计

云会变电站重点对基于自主可控的二次优化新一代变电站技术进行验证，采用了基于自主可控的二次优化系统设计方案。与传统智能变电站监控系统相比，变电站整体架构设计参照二次优化新一代变电站技术规范执行，核心的过程层设备、间隔层设备、站控层设备及系统，完整体现二次优化集约高效的原则，具备支撑集控站的能力。

变电站二次系统按照安全防护规范划分为Ⅰ区、Ⅱ区和Ⅳ区。安全区Ⅰ实现主设备的监视、操作、保护、控制，部署主辅一体化监控主机、智能防误主机、实时网关机、继电保护及安全自动装置、多功能测控装置、交直流电源设备、采集执行单元、时钟系统等，实时网关机作为安全区Ⅰ与主站数据交互的统一接口。安全区Ⅱ实现辅助设备的监视、操作、管理，部署综合应用主机、服务网关机、智能故障录波装置、计量装置以及辅助设备的一次设备在线监测、火灾消防、安全防卫、锁控、动环子系统等，服务网关机作为安全区Ⅱ与主站数据交互的统一接口。安全区Ⅳ部署在线智能巡视子系统。

站控层采用双重化星形以太网络，承载站控层、间隔层设备之间的通信报文，包括保护、测控装置之间的跨间隔 GOOSE 通信报文以及保护、测控装置发送至智能故障录波器装置的其他 GOOSE 报文。保护、测控装置至站控层网络采用国产化的 CMS 通信报文和 GOOSE 报文共口通信方式。

站控层安全区Ⅰ区网络通过隔离交换机分隔为 A、B、C 三套功能子网，220kV 间隔双重化配置的第 1 套保护接入 A 网，第 2 套保护接入 B 网，站控层设备和单套配置的保护、测控、备自投装置接入 C 网。站控层 A、B 网交换机通过隔离交换机接入站控层 C 网中心交换机。智能故障录波装置采集单元和管理单元单独组网；计量装置单独组建单套网络。不设立全站公用的过程层网络。云会变电站监控系统网络结构如图 5-1 所示。

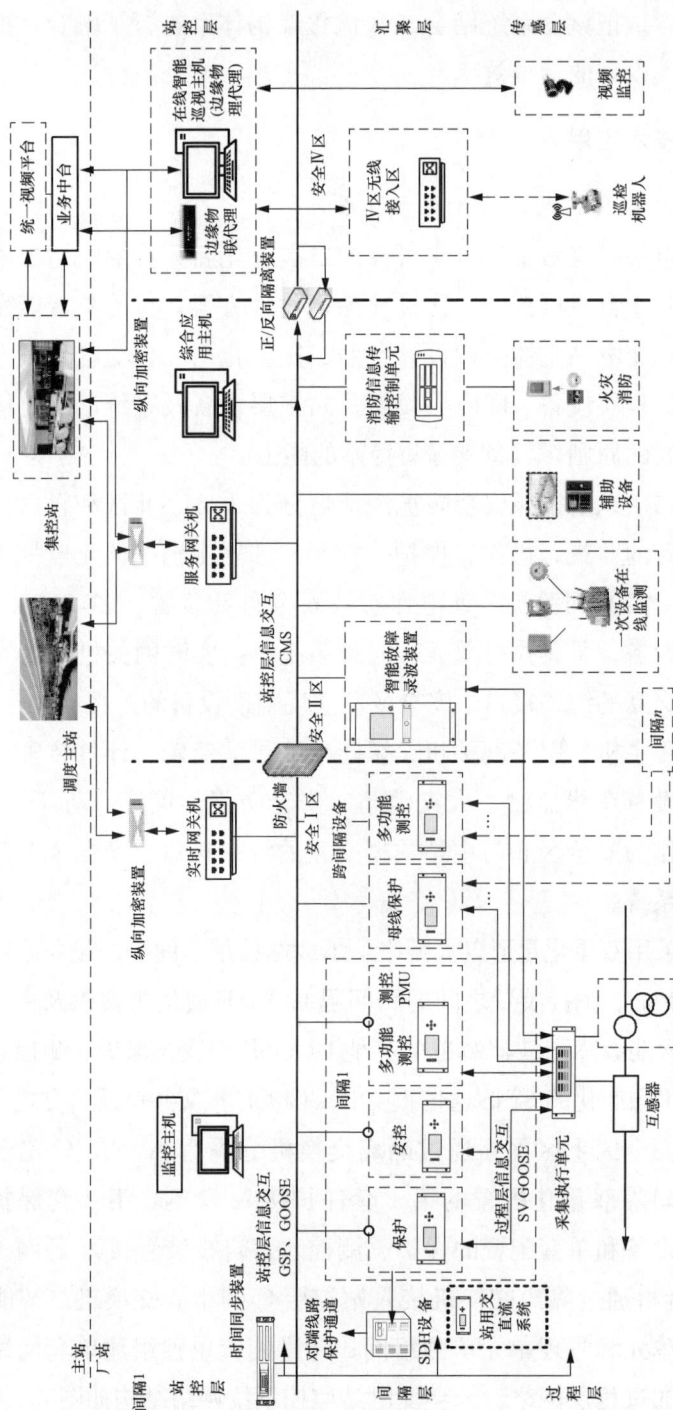

图 5-1 云会变电站监控系统网格结构

2. 结合二次优化实现测控冗余

由于二次优化的体系未解决测控双重化问题，云会变电站设计上继承了浙江省电力公司成熟应用的冗余测控技术，实现测控的冗余化配置，在实体测控异常或检修的情况下实现后备功能。

每一台冗余后备测控装置可以同时虚拟 15 个实体测控单元，每一个虚拟测控与对应的实体测控装置配置相同。冗余后备测控的投退机制采用手动投入自动退出方式。

3. 通信协议自动切换

鉴于 CMS 通信协议的成熟度以及工程应用时间较短，云会变电站专门针对 CMS 协议可能出现的试运行稳定性风险，提出对全站网络波及范围最小的单节点 CMS 协议切换方案。当间隔层设备 CMS 协议运行故障时，可在不影响网络中其他设备的情况下切换为运行较为成熟的 MMS 协议。

测控装置、数据通信网关机在液晶菜单中提供通信协议类型选项，由运维人员根据需要手工启用 MMS 或 CMS 协议，通知通信模块实施通信规约切换。通信模块收到指令后，仅断开当前客户端与指定的测控设备当前协议的连接，用切换后的协议与测控装置重新建立通信。CMS、MMS 接入切换时，无需重新启动数据通信网关机和监控设备的前置通信模块，只断开与目标设备的通信连接，其他接入设备正常无缝运行。不影响与调度主站的正常通信。对于监控主机，直接在运行界面上提供各个设备的协议切换按键。

4. 二次设备统一运维管控系统的应用

云会变电站部署了二次设备统一运维管控系统，继承国网浙江省电力公司在自动化和继电保护设备运维管控方面的研究成果。

变电站二次设备运维管控系统采用分层架构，由运维网关机和运维主站两个部分组成。主站部署在调度中心，与运维网关机通信，实现厂站端设备运行数据采集，并和调度侧 EMS、调控云等系统进行数据交互，实现变电站二次设备在线监视与远程运维管控功能。运维网关机部署在变电站站控层，在线采集站内自动化设备的运行信息，实现变电站二次设备就地在线监视与运维管控功能。同时通过电力通用服务协议将设备运行工况信息、模型参数配置、巡视、诊断、预警信息上送至远方运维主站。

变电站二次设备运维管控系统的设备监视范围包括监控主机、数据通信网关机、测控装置、保护装置、保测一体装置、网络分析仪、PMU 装置、交换机及时间同步装置等。采集监视设备台账信息、通信状态信息、自检告警信息、设备资源信息、内部环境信息、对时状态等信息，用于满足变电站二次设备运维管控系统设备建模需求。

第二节　湖州 110kV 上柏变电站应用案例

一、变电站概况

浙江湖州 110kV 上柏变电站是全国首座采用自主可控＋SM2 国密认证技术的智能变电站。上柏变电站采用南瑞继保生产的 PCS-9700 监控系统，监控系统通信应用了 IEC 62351 的 A-Profile、T-Profile 安全机制，也进一步探索了访问控制、证书部署、加密通信运维等新技术在变电站自动化系统领域的应用，其主要创新点涵盖：

（1）全站装备自主可控二次设备：监控系统采用了自主可控设备，站控层协议应用了 SM2 国密算法的身份认证技术与基于 RSA 的通信加密技术；实现了 IEC 62351 标准在变电站的全国首次落地应用。

（2）全站基于通信角色的通信机制：在站内为监控后台、数据通信网关机通信颁布了基于设备的通信角色，在测控系统实现了通信角色的认证与鉴别；实现了 IEC 62351 标准通信角色在变电站领域的全国首次应用。

（3）站内部署次级证书系统：站内部署了基于 PKI 机制的次级数字证书系统，实现了变电站自动化系统与调度证书管理系统结合，为变电站证书管控研究探索了可行性实施路径。

（4）加密通信的运维技术探索：站内监控系统全面支持 IEC 62351-14 的安全审计功能，通过完善升级站内网络分析设备，实现了加密环境下异常状态的实时监视与获取，为站内网络加密技术应用后期运维提供有效、便捷管控工具。湖州 110kV 上柏变电站安全系统结构如图 5-2 所示。

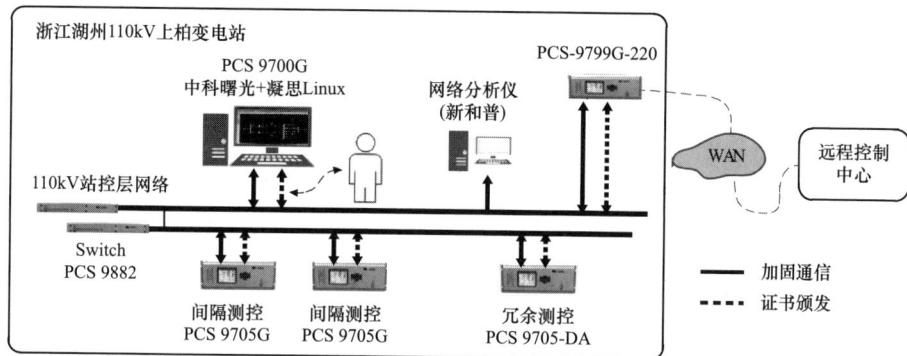

图 5-2　湖州 110kV 上柏变电站安全系统结构图

　　湖州 110kV 上柏变电站在变电站自动化系统通信安全领域的应用研究，可大幅提升自动化系统的安全性与可靠性，其新技术的应用可有效解决变电站自动化系统的越权访问与非授权接入难题，也为新能源大规模接入探索了安全、可靠的技术路径。

二、新技术应用

1. 通过角色与调度角色的结合

　　在变电站自动化系统中，将变电站内通信角色与基于应用的调度角色相结合，在有效解决变电站自动化系统的越权访问与非授权接入难题的情况下，可提升通信角色应用的便利性。在电力系统中，调度与监控系统对站内设备的应用功能，尤其是通信功能，具有长期稳定的特征；而角色是管理需求，在不同阶段的安全管理下角色有调整的可能。

　　在湖州 110kV 上柏变电站中，角色的访问控制功能采用了分级控制策略，简化了通信角色的复杂度。

　　（1）基于设备颁发通信角色：依据设备的功能，如监控主机、数据通信网关机，为设备颁发最大权限通信角色证书；该设备应用此证书与站内自动化设备进行通信。站内自动化设备负责监视已授权链接的越权访问以

139

及非授权的链接，实时记录安全日志并上送网络分析设备。

（2）监控系统调度角色的访问控制：维持现有的调度角色定义，并由登入设备验证授权登入的调度角色的访问控制，如监控主机、数据通信网关机；这些设备与站内自动化设备通信时，应用相同的通信角色证书，但限定不同调度角色对通信应用权限的使用。湖州 110kV 变电站基于角色的访问控制示意如图 5-3 所示。

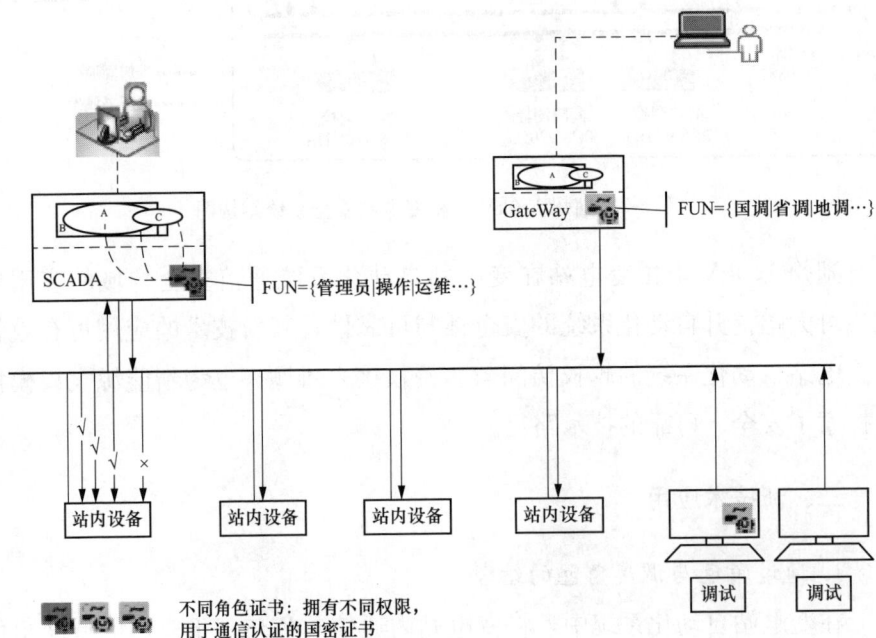

图 5-3　湖州 110kV 变电站基于角色的访问控制示意图

2. 变电站次级证书的管理应用

湖州 110kV 上柏变电站的监控系统站控层协议应用了 SM2 国密算法的身份认证技术与基于 RSA 的通信加密技术；这些安全通信技术都需要数字证书的支持，通信角色的应用还对数字证书进行了属性扩展；这些应用都需要基于 PKI 机制的数字证书系统的支撑，为监控系统与站内设备颁发数字证书，并在必要时颁发证书撤销列表。

在智能变电站自动化系统中应用 PKI 数字证书系统的结果：①站内监

控系统的证书应用需要受调度证书管理系统的管理；②调度证书管理系统直接面向变电站设备颁发证书，会大幅增加管理成本。在 110kV 上柏变电站中，在监控系统主机中部署了一个独立运行经过调度证书管理系统备案的站内 PKI 签署工具，实现了站内次级证书管理系统，解决了智能站自动化系统数字证书管理的难题。智能变电站内次级数字证书系统调度系统备案与站内证书颁发流程如图 5-4 所示。

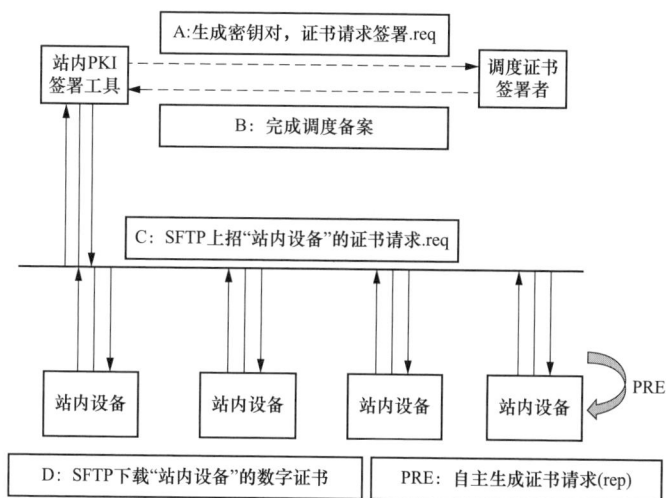

图 5-4　智能变电站内次级证书系统调度系统备案与站内证书颁发流程

智能变电站内次级数字证书系统的调度证书管理系统的备案流程为：

（1）站内 PKI 签署工具生成自身的密钥对及证书请求签署文件。

（2）站内 PKI 签署工具与调度证书签署者建立通信，并向后者发送证书请求签署文件；调度证书签署者完成站内 PKI 签署工具的证书备案后，站内 PKI 签署工具可作为次级根数字证书为站内设备颁发数字证书。

智能变电站内次级数字证书系统基于 SFTP 协议为站内设备颁发数字证书，其颁发流程为：

（1）站内设备（包含监控主机、数据通信网关机、调试客户端及间隔层二次设备）生成自身密钥对及证书请求签署文件，并等待签署；站内 PKI 签署工具通过 SFTP 主动上送这些证书请求签署文件。

（2）站内 PKI 签署工具使用次级根数字证书，验证站内通信设备的数字证书请求文件，并根据各站内设备的访问权限赋予其相应的角色，签发相应的角色证书，然后通过 SFTP 将数字证书下载到站内各设备中。

第三节　台州 220kV 临海变电站应用案例

一、变电站概况

220kV 临海变电站监控系统是浙江省首个试点应用国产化 CMS 通信协议的变电站，站内监控主机、数据通信网关机、测控装置既支持国产化 CMS 通信协议，又支持原 MMS 通信协议，两者并存，为后续存量变电站改造提供技术验证。同时临海变电站还开创了自主可控＋CMS、常规硬件＋国产协议、自主可控＋常规协议的应用先河，为后续全面推广积累了经验，其主要特点如下：

（1）国产化 CMS 通信协议设备：临海变电站采用支持国产化 CMS 通信协议的测控装置和数据通信网关机，站控层通信首次采用国产化 CMS 通信协议，取代原 MMS 协议，实现变电站站控层与间隔层设备之间的通信服务协议国产化。

（2）CMS 协议与 MMS 通信协议共存：临海变电站监控系统试点验证了 CMS 协议的实际应用以及 CMS 协议与 MMS 协议共存、切换的技术可行性，为推进 CMS 协议工程化应用打下了基础。

（3）调控数据交互可视化展示：利用四统一、四规范网络报文记录与分析装置功能，根据智能变电站的 SCD/RCD 文件、调控自动化点表等信息，建立调控交互数据监测模型，对变电站间隔遥控等业务数据交互过程进行分析，将分析结果送至自动化运维子站，可在变电站现场和主站可视化展示调控交互信息及变电站设备间网络通信的全过程。

（4）监控系统功能提升：站内配置了冗余后备测控装置和自动化智能运维网关机，监控后台部署了监控系统一键重命名、一键顺控不停电联调和联闭锁可视化验证等应用功能。

二、新技术系统应用

1. CMS 协议实现

临海变电站两台监控工作站采用浪潮机架式国产服务器 NF2180M3，CPU 为飞腾 2000＋，配套监控系统为北京四方的 CSC-2000（V2）。配置两台Ⅰ区数据通信网关机，包括自主可控数据通信网关机 CSD-1321CN-G4，及常规（采用进口芯片）数据通信网关机 CSD-1321-G4 各一台。站控层中心交换机为自主可控交换机 CSD-187CN。

间隔层设备包括自主可控测控装置 CSI-200FCN 和四统一测控装置 CSI-200F，选择部分自主可控测控和常规测控进行 CMS 协议验证，其他测控均采用 MMS 协议。站内另外配置了冗余测控装置 CSI-200F-DR、运维子站 CSGC-3000/SMDS。系统架构图如图 5-5 所示。

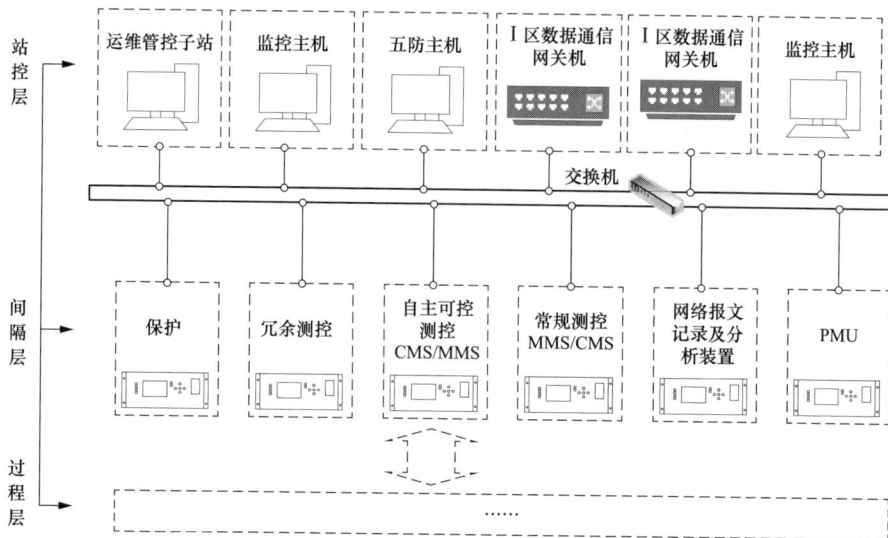

图 5-5　系统架构图

国产化 CMS 协议替代，重新定义了 DL/T 860 ACSI 直接映射到 TCP/IP 传输协议子集的方法，消除 MMS 协议栈的 ACSE 层、会话层和 TP0 层。CMS 协议栈架构如图 5-6 所示。

IEC-61850 ACSI
DL/T 860 通信报文规范 (CMS)
表示层 ASN.1 PER(ISO 8825-2)
TCP/IP

图 5-6 CMS 协议
栈架构

由于 CMS 协议并未改变原有 DL/T 860 体系，因此对于装置而言，可实现 CMS 协议、MMS 协议下装置模型的共用，技术上保障装置协议变更时，装置对外模型不变，由此避免监控后台、数据通信网关机等站控层设备模型重新匹配、关联的工作量。

2. MMS、CMS 协议共存方案

测控装置在液晶菜单中增加通信协议类型选项，决定 MMS 或 CMS 协议启用。MMS 协议或 CMS 协议下测控模型不变，设置后装置自动重启通信服务。

监控主机、数据通信网关机、运维子站等站控层设备同时支持 CMS、MMS 协议接入，并保持实时库中装置信息唯一。通过装置类型，决定装置由 CMS 接入或 MMS 接入托管。CMS 接入或 MMS 接入切换只涉及接入配置更改，不涉及四遥实时库变更，由此保障接入与监控图形、数据通信网关机等应用的隔离。以监控主机为例，MMS、CMS 共存方案如图 5-7 所示。

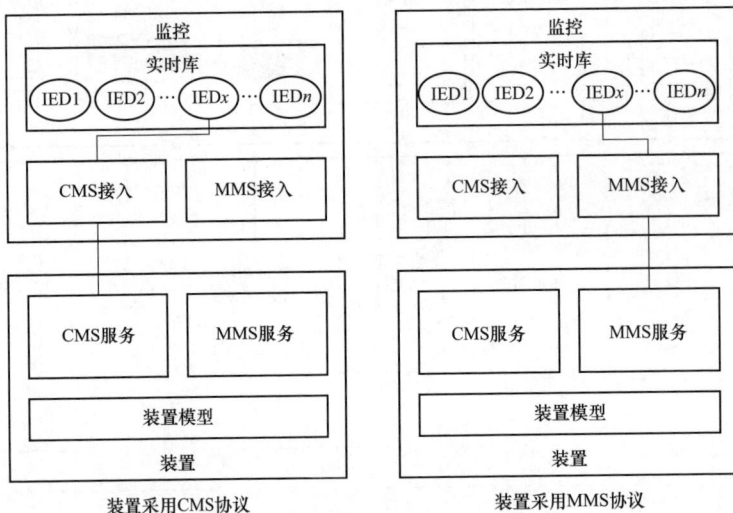

图 5-7 MMS、CMS 共存方案

监控系统开发 CMS、MMS 管理工具，实现对装置 MMS、CMS 协议类型的配置功能。设置后，输出 MMS 接入及 MMS 接入的通信配置，并自动重启 MMS 及 CMS 接入程序。CMS、MMS 装置管理如图 5-8 所示。

图 5-8 CMS、MMS 装置管理

3. 冗余测控与实体测控装置配合方案

冗余测控装置通过 GOOSE 报文检测，实现与实体测控装置冲突检测。冗余测控检测到冲突 IP 的 GOOSE 报文后，自动退出自身的测控通信功能。CMS 协议影响间隔层通信，对于 GOOSE 报文传输则不受影响。

冗余测控装置对上提供 MMS 服务。冗余测控装置可直接实现与站内 MMS 协议的实体测控装置冗余互备。对于 CMS 协议的测控装置，冗余测控启用或退出时，还需要修改对应测控装置的协议类型，便于站控层接入识别。CMS 协议测控与冗余测控互备、MMS 协议测控与冗余测控互备如图 5-9 和图 5-10 所示。

4. 遥控全过程监视

四统一、四规范网络报文记录和分析装置采集变电站 SV、GOOSE、MMS 和 IEC 104 报文，采用 IEC 61850 MMS 协议与自动化运维子站进行信息交互。网分根据智能变电站的 SCD/RCD 文件、远动信息点表等信息，遵循 DL/T 860 标准的建模方法和规则，建立调控交互数据监测系统数据模型，对收到的服务文件和实时信息进行多协议关联分析。

网分装置识别一次完整的遥控过程，从调控主站前置机→数据通信网关机→测控→智能终端或从监控主机→测控→智能终端，结合 IEC 104、MMS、GOOSE 协议报文所对应模型，将各协议之间的关键信息点进行关联分析。包含遥控过程中各环节的发生时间、涉及设备对象、过程描述和结果等信息，综合所有信息统一进行展示，并在遥控过程结束生成遥控简报文件。将文件传输给自动化运维子站，可在运维子站或者主站可视化展示从调控主站前置机到变电站智能终端的遥控全过程。调度端遥控过程可视化展示如图 5-11 所示。

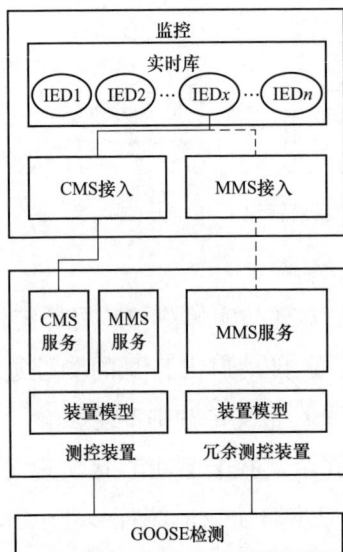

图 5-9　CMS 协议测控与冗余测控互备　　图 5-10　MMS 协议测控与冗余测控互备

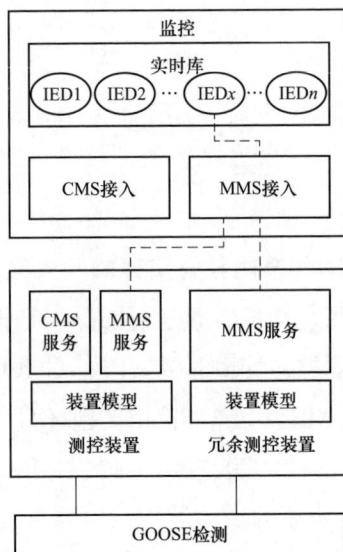

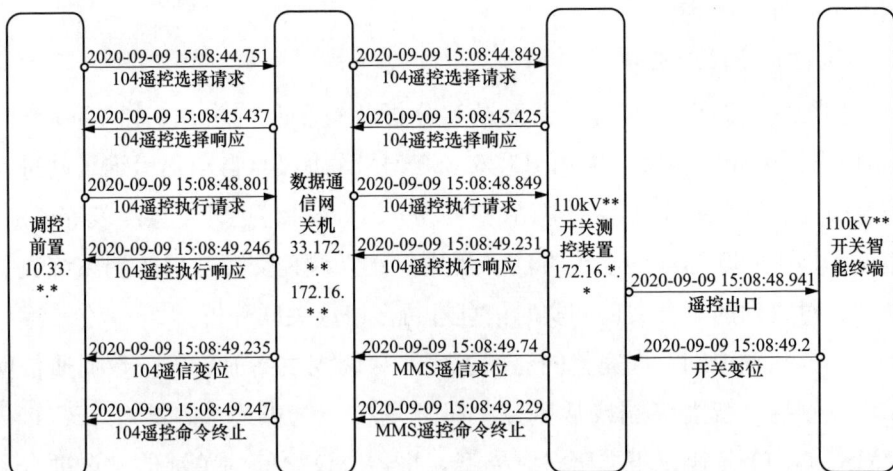

图 5-11　调度端遥控过程可视化展示

近几年的智能变电站监控系统新技术在临海变电站得到了应用与融合，为建设集自主可控、高效运维、安全稳定于一体的国产化智能变电站自动化系统积累了成功经验。

第四节 衢州 220kV 士元变电站应用案例

一、变电站概况

浙江衢州 220kV 士元变电站是浙江省自主可控自动化设备运行示范站。在监控系统部署了一键顺控不停电校核、联闭锁逻辑可视化和一键重命名等监控系统提升功能，部署了自动化设备智能运维网关机，用于日常自动化设备的运行维护。同时部署网络本体安全监测装置，可对变电站监控系统及设备安全漏洞进行实时监测。士元变电站技术创新如下：

（1）变电站自动化设备智能运维：智能运维网关机通过对反映变电站自动化设备的运行状态、业务功能、健康状况等的关键信息进行分级分类、标准化建模和统一采集，实现对智能变电站自动化设备的运行监视、设备运维、智能预警、状态评估等集中管理功能。

（2）变电站监控后台部署智能巡视、一键顺控不停电校核、联闭锁逻辑可视化和一键重命名等功能，可手动或周期巡视自动化设备的运行方式、运行工况是否与标准一致；可视化展示全站一次设备联闭锁逻辑，实现联闭锁逻辑的不停电校验；可视化展示一键顺控操作全过程，实现一键顺控操作票不停电校核，并可实现变电站监控系统间隔设备及信息的一键重命名。

（3）自主可控自动化设备：士元变电站自主可控自动化设备包括监控主机、测控装置和数据通信网关机；自主可控设备同时支持 CMS 通信协议与 MMS 通信协议。士元变电站监控系统网络结构示意图如图 5-12 所示。

二、新技术系统应用

1. 自动化设备智能运维

自动化智能运维网关机通过 DL/T 860、IEC 104 实现测控装置、Ⅰ区数据通信网关机、网络交换机及时钟同步装置等站端自动化设备的运行信息采集，子站通过远动 RCD 文件、全站 SCD 模型文件实现建模，利用基于 RCD 文件的扩展 RCDRT 文件实现远动五遥断面数据采集，使用 GSP 协议实现与主站系统信息交互。

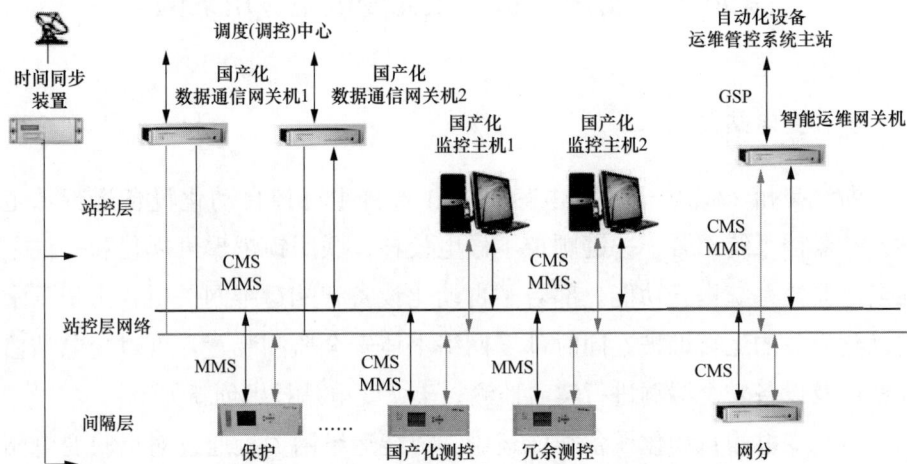

图 5-12　士元变电站监控系统网络结构示意图

（1）运维范围。

1）监控主机：SCD/MCCD 文件、WF/WFCRC 文件、对下通信状态、运行工况。

2）数据通信网关机：RCD/RCDRT 文件、参数配置文件、对下通信状态、运行工况。

3）测控装置：测控参数文件、测控联闭锁逻辑文件、装置版本信息文件、程序文件、装置 CCD、CID 文件、日志文件。

4）交换机：装置版本信息文件、装置 ICD、CID 文件、程序文件、日志文件。

5）时钟同步装置：装置版本信息文件、装置 ICD、CID 文件、日志文件、运行工况。

6）网分装置：日志文件、运行工况、遥控记录文件。

（2）运行监视。监视全站自动设备通信状态和告警信息，包括全站二次设备通信状态、智能运维网关机对下通信状态、监控主机对下通信状态、网关机对下通信状态、自动化设备运行状态。告警信息包括模拟量告警、巡视完成有异常告警、版本不一致告警、设备频繁告警、设备模型异常、监控信息核对异常、遥控预试功能异常、季测试异常告警、SCD 模型文件变化、远动参数不一致、测控运行参数定值不一致告警、全站联闭锁逻辑文件变化告警、测控联闭锁逻辑文件不一致告警、监控主机 SCD 模型双机不一致告警、数据通信网关机 RCD 文件双机不一致告警、全站联闭锁文件双机不一致告警等。

（3）监控信息核对。比较两台数据通信网关机各通道的 RCD 文件，如不一致则在界面展示不一致的条目，包括版本信息、遥测转发、遥信转发等各信息，同时触发监控信息核对异常告警，并生成运维报告，由主站进行自动召唤。

（4）遥控功能预试。通过智能运维网关机与数据通信网关机间 IEC 104 通信协议，采用正常遥控指令的选择→反校→执行→撤销的操作步骤，实现系统遥控功能是否可用的测试。在遥控操作失败后，辅助检测遥控失败原因。

（5）季测试。智能运维网关机按季度测试验证数据通信网关机断面数据与主站端 EMS 系统的同一时间的断面数据的偏差是否超过限值。当季度测试验证两者的断面数据偏差超过限值时，智能运维网关机产生季度测试异常告警与季测试报告。

（6）SCD 及测控模型文件管理。SCD 及测控模型管控功能通过比较两台监控主机的 SCD 的一致性、比较 MCCD 文件与所有测控装置的 CID、CCD 文件的一致性来判断 SCD 文件和测控模型文件是否一致，不一致时在界面展示不一致的内容并触发告警信息生成运维报告，由主站进行自动召唤。

（7）联闭锁逻辑可视化管理。智能运维网关机从监控主机召唤全站联闭锁逻辑文件及测控联闭锁逻辑文件校验记录文件，校验召唤上来的全站联闭锁逻辑文件与本地存储的标准全站联闭锁逻辑文件是否一致，不一致时输出全站联闭锁逻辑文件变化告警。

（8）测控运行参数定值管理。智能运维网关机手动或周期性地从测控装置召唤测控装置运行参数、定值文件，实现测控装置运行参数、定值校核，校验异常时输出测控运行参数定值不一致告警及相应运维文件。

（9）数据通信网关机运行参数管理。智能运维网关机手动周期性地召唤数据通信网关机运行参数定值文件，实现数据通信网关机运行参数定值校核，校验异常时输出远动参数不一致告警及相应的运维文件。

（10）状态评价。二次设备运行状态评价根据设备通信状态，综合设备自检信息、量值越限等告警，在线实时对二次设备进行智能运行评价。根据评价判据结果分为正常、注意、异常及严重四类。状态评价参考值如表 5-1 所示。

表 5-1　　　　　　　　　　　　状态评价参考值

评价结果	评价判据
正常	设备通信状态正常，装置无自检告警（严重告警、一般告警）、无量值越限（智能预警告警）
注意	设备通信状态正常，装置无自检告警（严重告警、一般告警）、有量值越限（智能预警告警）
异常	设备通信状态正常，装置有自检告警（一般告警）
严重	设备通信状态正常，装置有自检告警（严重告警）

2. 智能巡视

智能运维网关机手动或周期性地巡视自动化设备的运行方式、运行工况是否与标准一致，标准为符合当时运行方式的装置定值、压板等设备运行工况信息；异常时产生巡检告警，每次巡视形成巡视报告。

智能运维网关机巡视模块按照巡视策略执行收到或周期设备巡视，一次巡视任务完成后，智能运维网关机主动上送巡视完成（无异常）或巡视完成（有异常）的告警信息，主站按照收到的巡视告警信息召唤巡视结果报告，设备内部模拟量巡视及保护装置智能巡检结果如图 5-13 和图 5-14 所示。

图 5-13　设备内部模拟量巡视结果

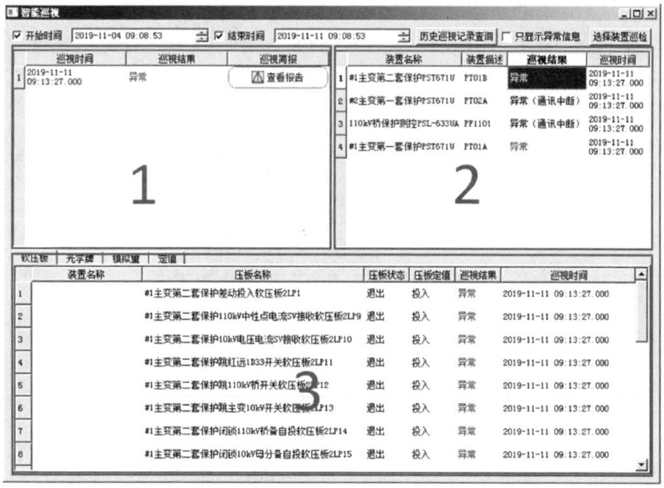

图 5-14　保护装置智能巡视界面

第五节　杭州 220kV 俞桥变电站边缘智能网关应用案例

一、变电站概况

220kV 俞桥变电站监控系统是浙江省首个试点应用边缘智能网关技术

的变电站。220kV 俞桥变电站采用南瑞科技 NS5000 监控系统，变电站边缘智能网关作为厂站端开放的数据业务平台，具有以下功能：①接受边缘智能网关管理主站的远程集中管理，实现设备接入、状态监视、App 编排部署等功能；②边缘智能网关为各类已部署安装的 App 提供运行环境及业务数据交互接口。

二、新技术应用

1. 系统架构

俞桥变电站在站控层安全Ⅰ区部署 1 台由国电南瑞科技股份有限公司研制的 NS3910 变电站边缘智能网关，边缘智能网关对下通过 MMS 网实现与站内二次设备的通信，边缘智能网关对上经纵向加密装置与部署在调度主站的边缘网关管理主站和运维主站通信。俞桥变电站监控系统结构示意图如图 5-15。

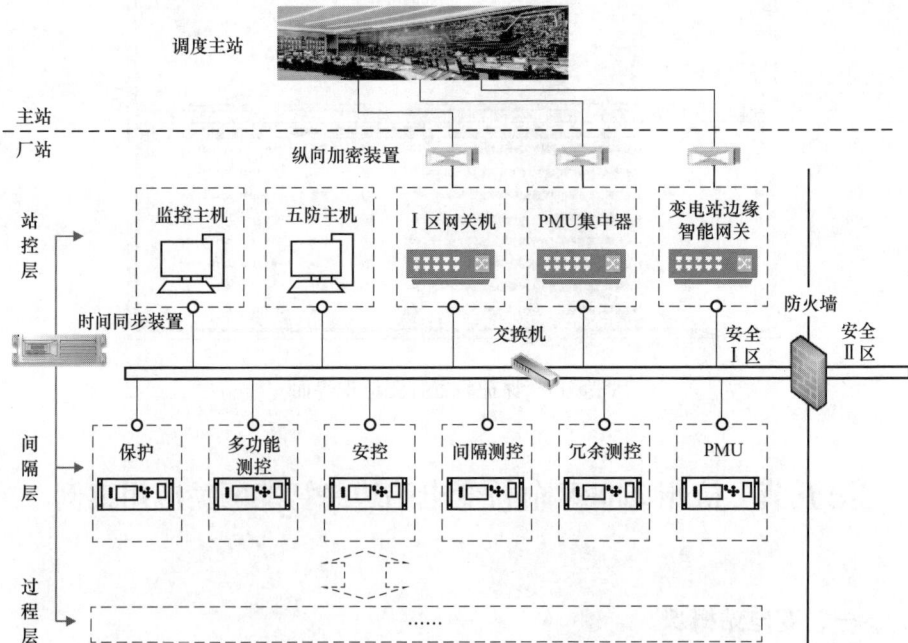

图 5-15　俞桥变电站监控系统结构示意图

2. 管理功能

俞桥变电站边缘智能网关部署在边缘智能网关屏内，通过 B 码对时接口接收时间同步装置的对时信号，以太网口 LAN1、LAN2 分别与站控层 MMS-A 网、MMS-B 网通信，以太网口 LAN3 接至调度数据网屏的交换机，用于与调度主站通信。变电站边缘智能网关支持如下管理功能：

（1）人机界面：配置键盘、鼠标、显示器等人机外设，具备边缘网关交互画面。

（2）权限管理：具备角色、人员、权限等定义功能，支持基于不同角色的权限管理机制。

（3）参数管理：具备网卡参数、主站通信参数的配置，具备证书生成、证书导入功能。

（4）App 编排功能：具备就地实现 App 安装、卸载、升级，App 参数配置、资源配额等功能。

（5）App 监控功能：支持 App 启动、停运操作，具备 App 数据监视、CPU 使用率、内存使用率、存储空间使用率等状态监视。

（6）远程通信：具备与边缘网关管理主站通信功能，接收边缘网关管理主站的远程管理，并为主站界面类 App 提供各类业务数据访问服务。

3. 业务 App

为了满足变电站运维业务需求，俞桥变电站边缘智能网关部署了如下运维业务 App：

（1）虚拟面板 App：在变电站边缘智能网关部署虚拟面板 App，通过站控层网络对站内测控装置液晶画面、指示灯、按键等装置面板信息进行采集及虚拟化处理，将虚拟面板信息远传至运维主站，实现测控装置面板实时状态在运维主站的虚拟可视化。

（2）二次设备智能诊断 App：在变电站边缘智能网关部署二次设备智能诊断 App，通过采集站内测控装置内部状态监测数据，对测控装置健康状况进行综合评判，最终实现装置板件级的故障诊断，诊断结果实时推送至运维主站。

（3）SCD 管控 App：在变电站边缘智能网关部署 SCD 管控 App，通过从监控后台召唤全站 SCD 模型文件及测控装置 CID、CCD 文件校验码配置文件，进行两台监控主机的双机模型不一致校核、本次与前次全站 SCD 模型校核、逐个装置获取 CID、CCD 校验码与校验码配置文件对比的测控模型校核，对不一致结果进行告警，存储校核结果。

（4）监控信息校核 App：在变电站边缘智能网关部署监控信息校核 App。通过手动或周期性地分别从两台数据通信网关机获取地调、省调、运维站 RCD 文件，按对应的标准远动 RCD 文件核对静态模型点表是否一致、校核数据通信网关机不同调度 RCD 文件与对应标准 RCD 文件模型点表是否一致。在有不一致情况发生时，生成相应的告警运维文件，存储校核结果。

（5）二次设备一键巡视 App：在变电站边缘智能网关部署二次设备一键巡视 App。通过对监控后台下发一键巡视命令，监控后台收到命令后，对全站设备按照预先设定配置范围及策略进行二次设备全面巡视，巡视完成后上送巡视告警，运维网关依据告警时标向监控后台召唤巡视报告，解析并展示。

（6）GSP 通信服务 App：将 GSP 通信协议 App 化，支持运维业务 App 数据通过 GSP 通信服务上送至运维主站。

附录1

文中引用规范

GB/T 17626.7—2017	电磁兼容 试验和测量技术 供电系统及所连设备谐波、简谐波的测量和测量仪器导则
GB/T 19520.12—2009	电子设备机械结构 482.6mm（19in）系列机械结构尺寸 第3-101部分：插箱及其插件
GB/T 22386—2008	电力系统暂态数据交换通用格式
GB/T 26865.2—2011	电力系统实时动态监测系统 第2部分：数据传输协议
GB/T 33602—2017	电力系统通用服务协议
GB/T 32890—2016	继电保护IEC 61850工程应用模型
DL/T 476—2012	电力系统实时数据通信应用层协议
DL/T 634.5104—2009	远动设备及系统 第5-104部分：传输规约采用标准传输协议集的IEC 60870-5-101网络访问
DL/T 860	电力系统通信网络和系统
DL/T 860.81—2006	电力自动化通信网络和系统 第8-1部分：特定通信服务映射（SCSM）—映射到MMS（ISO 9506-1和ISO 9506-2）及ISO/IEC 8802-3
DL/T 860.92—2006	电力自动化通信网络和系统 第9-2部分：特定通信服务映射（SCSM）映射—基于ISO/IEC 8802-3的采样值
DL/T 1232—2013	电力系统动态消息编码规范
Q/GDW 273—2009	继电保护故障信息处理系统技术规范
Q/GDW 1396—2012	IEC 61850工程继电保护保护应用模型
Q/GDW 10131—2017	电力系统实时动态监测系统技术规范
Q/GDW 10427—2017	变电站测控装置技术规范
Q/GDW 10429—2017	智能变电站网络交换机技术规范
Q/GDW 10678—2018	智能变电站一体化监控系统技术规范
Q/GDW 11539—2016	电力系统时间同步及监测技术规范
Q/GDW 11627—2016	变电站数据通信网关机技术规范

IEC 61850-9-2：2004　电力自动化通信网络和系统 第 9-2 部分：特定通信服务映射（SCSM）映射到 ISO/IEC 8802-3 的采样值

IEC 60870-5-104：2000 远动设备及系统 第 5 部分：传输规约 第 104 篇：用标准传输协议子集的 IEC 60870-5-101 网络访问

附录2

英文缩略语

AARE   Application Association REsponse 应用联合响应

AARQ   Application Association ReQuest 应用联合请求

ACI.   Access Control Lists 访问控制列表

ACSI   Abstract Communication Service Interface 抽象通信服务接口

ADC   Analog to Digital Converter 模数转换器

AMP   Asymmetric Multi-process 非对称多进程

APDU   Application Protocol Data Unit 应用协议数据单元

ASDU   Application Service Data Unit 应用服务数据单元

AXI   Advanced eXtensible Interface 总线协议

BIT   Build-In-Test 自检测

CAN   Controller Area Network 局域网控制器

CCD   Configured IED Circuit Description IED 二次回路实例配置文件

CDR   Clock and Data Recovery 时钟数据恢复

CID   Configured IED Description IED 设备实例配置文件

CIM   Common Information Model 公共信息模型

CMS   Communication Message Specifications 通信报文规范

CPLD   Complex Programming Logic Device 复杂可编程逻辑器件

CPU   Central Processing Unit 中央处理器

CRC   Cyclic Redundancy Check 循环冗余校验

DFT   Discrete Fourier Transform 离散傅里叶变换

DOM   Document Object Model 文档对象模型

DRAM   Dynamic Random Access Memory 动态随机存取存储器

DSP   Digital Signal Processing 数字信号处理器

EDA   Electronic Design Automation 电子设计自动化

EEPROM Electrically Erasable Programmable Read-Only Memory 电可擦只读存储器

EMS   Energy Management System 能量管理系统

ESL   Electronic System Level 电子系统级

FFT　　　　Fast Fourier Transform　快速傅里叶变换

FPGA　　　Field Programmable Gate Array　现场可编程门阵列

GMII　　　Gigabit Medium Independent Interface　千兆媒体独立接口

GMRP　　　Garp Multicast Registration Protocol Garp　组播注册协议

GNU/GPI.GNU General Public License　通用公共许可协议

GOOSE　　Generic Object Oriented Substation Event　面向通用对象
　　　　　的变电站事件

GPS　　　　Global Positioning System　全球定位系统

GSP　　　　General Service Protocol for Electric Power System　电力系统
　　　　　通用服务协议

GUI　　　　Graphic User Interface　图形用户界面

ICD　　　　IED Capability Description IED　设备能力描述文件

LD　　　　Logical Devices　逻辑设备

IED　　　　Intelligent Electronic Device　智能电子设备

IP　　　　Internet Protocol　网际互连协议

MAC　　　Media Access Control　媒体访问控制

MCCD　　Measuring and Control Device Checksum Description　测控
　　　　　装置校验码描述文件

MDI　　　　Medium Dependent Interface　媒介相关接口

MMS　　　Manufacturing Message Specification　制造报文规范

NTP　　　　Network Time Protocol　网络时间协议

OSI　　　　Open System Interconnection Reference Model　开放式系统互
　　　　　联参考模型

PBD　　　　Platform-Based Design　基于平台设计

PCI　　　　Peripheral Component Interconnect　外设部件互连标准

PCIe　　　PCI Express　PCI 总线

PCS　　　　Physical Coding Sublayer　物理编码子层

PKI　　　　Public Key Infrastructure　公钥基础设施

PMA   Physical Medium Attachment sublayer 物理介质连接子层

PMD   Physical Medium Dependent sublayer 物理介质相关子层

PMU   Phasor Measurement Unit 相量测量单元

PHY   Physical Layer 物理层

Qos   Quality of Service 服务质量

RAM   Random Access Memory 随机存取存储器

RBAC   Role-Based Access Control 基于角色的权限控制

RCD   Remote Configuration Description 远动配置描述文件

RTC   Real Time Clock 实时时钟

SAR   Successive-approximation Register 逐次逼近寄存器

SAX   Simple API for XML XML 文档简单接口

SBO   Select Before Operate 执行前先选择，即常用"选择-返校-执行"遥控过程

SCADA   Supervisory Control And Data Acquisition 数据采集与监控系统

SCD   Substation Configuration Description 全站系统配置文件

SCSI   Special Communication Service Interface 特定通信服务接口

SDRAM   Synchronous Dynamic Random-access Memory 同步动态随机存取内存

SFTP   Secure File Transfer Protocol 安全文件传输协议

SGMII   Serial Gigabit Medium Independent Interface 千兆串行独立接口

SMP   Symmetric Multi-process 对称多进程

SNMP   Simple Network Management Protocol 简单网络管理协议

SNTP   Simple Network Time Protocol 简单网络时间协议

Soc   System on Chip 系统级芯片

SPI   Serial Peripheral Interface 串行外设接口

SSD   System Specification Description 变电站系统规范描述文件；

SV   Sampled Value 采样值

TCP   Transmission Control Protocol 传输控制协议

TLS   Transport Layer Security 传输层安全性

UART   Universal Asynchronous Receiver Transmitter 通用异步收发
            传输器

VLAN   Virtual Local Area Network 虚拟局域网

XML   Extensible Markup Language 可扩展标记语言

XPath   XML. Path Language XML 文档路径语言

参 考 文 献

[1] 葛亮. 等，电网二次设备智能运维技术 [M]. 北京：中国电力出版社，2019.

[2] 郑玉平. 智能变电站二次设备与技术 [M]. 北京：中国电力出版社，2014.

[3] 黄智伟，邓月明，王彦. ARM9嵌入式系统设计基础教程 [M]. 北京航空航天大学出版社，2008.

[4] 魏洪兴. 嵌入式系统设计师教程（全国计算机技术与软件专业技术资格（水平）考试指定用书）[M]. 清华大学出版社，2006.

[5] 2019年中国芯片行业市场现状及发展趋势分析 [J]. 变频器世界，2019，04：28-30.

[6] 张巧霞，王广民，李江林，等. 变电站远程运维平台设计与实现 [J]. 电力系统保护与控制，2019，47（10）：164-172.

[7] 汪溢，胡春潮，梁智强，等. 变电站自动化设备运维管理系统探析 [J]. 电气时代，2018，（06）：98-101.

[8] 周谦，潘兆平. 基于X86架构VxWorks的设备驱动和网络通信 [J]. 信息通信，2018，190（10）：160-161.

[9] 董海涛，庄淑君，陈冰，等. 基于ARM＋DSP＋FPGA的可重构CNC系统 [J]. 华中科技大学学报（自然科学版），2012（08）：87-92.

[10] 周奕帆，颜友军，祁忠. 变电站远动数据模型升级功能的设计与实现 [J]. 电力工程技术，2018.（11）：32-35.

[11] 徐美荣，蔡铭，董金祥. 基于实时操作系统VxWorks的CAN驱动设计与实现 [J]. 计算机应用研究，2006（5）.

[12] 袁从周. 基于VxWorks驱动程序可重用软件技术研究 [J]. 工业控制计算机，2019，32（6）.

[13] 余高旺. 新一代智能变电站中多功能测控装置的研制与应用 [J]. 电力系统保护与控制，2015，43（6）：127-132.

[14] 曹立明. 计算机网络信息和网络安全及其防护策略 [J]. 三江高教，2006（z2）：111-116.

[15] 王凯，崔海青，李伯宁. 基于PowerPC架构VxWorks平台的RDC仿真器设计 [J]. 现代电子技术，2019（12）.

[16] 邝安玄，刘明，朱守园. VxWorks下串口设备驱动设计与实现 [J]. 航空计算技术，

2018，v. 48；No. 205（04）：82-85.

[17] 傅耀威，孟宪佳. 光电子集成芯片技术发展现状与趋势［J］. 科技中国，2017，08：1-3.

[18] 苏纪娟，孟祥玲，朱庆明. 系统芯片技术国内外发展现状［J］. 军民两用技术与产品，2015（13）：56-58.

[19] 胡明会，王彩丽，梁建涛，等. 新一代智慧变电站冗余测控装置自动测试系统方案设计［J］. 自动化与仪表，2021，36（05）.

[20] 赵长春，邓茂军，张艳超，等. 智慧变电站集群测控功能冗余切换方案研究［J］. 电测与仪表，2021，58（09）.

[21] 刘红军，管羹，朱玉锦，等. 智能变电站间隔集群测控模式下的运维体系研究［J］. 电力系统保护与控制，2020，48（07）.

[22] 韩伟，石光，等. 智能变电站远动快速对点系统模块化设计［J］. 电网清洁与能源，2017，33（05）.

[23] 方芳，李光华，等. 变电站内传输 IEC 62351 通信密钥的加密传输方法［J］. 中国电力，2019，52（10）.

[24] 骆钊，严童，等. SM2 加密体系在智能变电站远动通信中的应用［J］. 电力系统自动化，2016，40（19）.

[25] 王晓丽，张改杰，赵维毅. 自主可控的新一代智能变电站二次保护装置数据采集可靠性实时检测技术研究及应用［J］. 自动化应用，2020（11）.

[26] 窦仁晖，任辉，姚志强，等. 自主可控变电站站控层服务协议设计［J］. 电网技术，2021.

[27] 龚世敏，蔡亮亮，等. 基于自主可控技术的变电站自动化装置应用研究［J］. 电工电气，2021（08）.

[28] 胡明会，王彩丽，等. 新一代智慧变电站冗余测控装置自动测试系统方案设计［J］. 自动化与仪表，2021，36（05）.